中等职业教育电子与信息技术专业系列教材

电子测量技术与仪器

（第二版）

DIANZI CELIANG JISHU YU YIQI

总 主 编　聂广林

副总主编　辜小兵

主　　编　杨　鸿　谭定轩

副 主 编　吕盛成　吴　雄　卢　娜

编　　者　姚声阳　李小琼　李　伟

　　　　　何　丰　熊　祥　周　杨

　　　　　黄元平

U0240450

重庆大学出版社

内容提要

本书以培养学生电子测量基本技术和工程应用能力为目标,重点介绍了测量基本知识、直流电源、万用表、毫伏表、示波器、信号发生器、信号分析仪器、元件参数测量仪表、智能仪器等常用测量仪器的基本使用方法及使用安全常识。本书深入浅出,通俗易懂。各项目均设置了任务评价,配置了习题。

本书可作为中等职业学校电子与信息技术、通信、控制与检测等专业的教学用书,也可作为相关专业工程技术人员和广大电子爱好者的参考用书。

图书在版编目(CIP)数据

电子测量技术与仪器 / 杨鸿,谭定轩主编.-- 2 版
. --重庆:重庆大学出版社,2021.1(2023.7 重印)
中等职业教育电子与信息技术专业系列教材
ISBN 978-7-5624-7400-5

Ⅰ.①电… Ⅱ.①杨… ②谭… Ⅲ.①电子测量技术
—高等学校—教材②电子测量设备—中等专业学校—教材
Ⅳ.①TM93

中国版本图书馆 CIP 数据核字(2021)第 015713 号

中等职业教育电子与信息技术专业系列教材
电子测量技术与仪器
(第二版)
总 主 编 聂广林
副总主编 辜小兵
主 编 杨 鸿 谭定轩
责任编辑:陈一柳 版式设计:黄俊棚
责任校对:邹 忌 责任印制:赵 晟
*
重庆大学出版社出版发行
出版人:饶帮华
社址:重庆市沙坪坝区大学城西路 21 号
邮编:401331
电话:(023) 88617190 88617185(中小学)
传真:(023) 88617186 88617166
网址:http://www.cqup.com.cn
邮箱:fxk@ cqup.com.cn(营销中心)
全国新华书店经销
重庆亘鑫印务有限公司印刷
*
开本:787mm×1092mm 1/16 印张:14 字数:325 千
2013 年 8 月第 1 版 2021 年 1 月第 2 版 2023 年 7 月第 14 次印刷
印数:37 501—42 500
ISBN 978-7-5624-7400-5 定价:43.00 元

本书如有印刷、装订等质量问题,本社负责调换
版权所有,请勿擅自翻印和用本书
制作各类出版物及配套用书,违者必究

重庆大学出版社组织编写的中等职业教育电子与信息技术专业系列教材即将问世了,那么,什么是电子与信息技术呢?

简而言之,就是微电子技术与信息技术的知识相互渗透、相互结合的一个知识技术集合,即采用电子技术来采集、传递、控制和处理信息的技术,它可分为:

传感技术——信息的采集技术,对应于人的感觉器官;

通信技术——信息的传递技术,对应于人的神经系统的功能;

计算机技术——信息的处理和存储技术,对应于人的思维器官;

控制技术——信息的使用技术,对应于人的执行器官。

为什么要组织编写电子与信息技术专业系列教材呢?

理由之一:随着电子信息技术的广泛应用和深入发展,它已渗透到社会领域的各个方面。计算机是信息处理的工具,通信是信息的传播手段,微电子技术是信息技术的基础。集成电路的高集成化、高密度化和高速度化,带来了电子计算机的小型化、微型化、高性能化、高速度化和价格低廉化。电子信息技术正成为现代化产业的重要支柱,它以工厂生产自动化、办公室自动化、农业自动化、家庭自动化为重要应用领域,正深刻地改变着今天的社会面貌。

理由之二:有科学家预言,工业化社会将向后工业化社会(即信息化社会)转换,这一预言正在成为现实。社会信息化正以人们料想不到的范围、规模和速度向前推进。从劳动力结构来看,一个世纪以前,不到10%的美国劳动力从事信息工作,现在已超过60%;日本以及欧洲经济合作与发展组织的几个成员国从事信息技术的劳动力已占本国劳动力总数的2/3;自第二次世界大战以来,信息工作者在劳动力总数中的比例,每5年增长2.8%。我国电子信息产业的从业人员已达上千万人。

理由之三:电子与信息技术产业已成为带动经济增长的引擎,已成为支撑当今社会经济活动和社会生活的基石。在这种情况下,电子信息产业成为世界各国,特别是发达国家竞相投资重点发展的战略性产业部门。在过去10年中,全世界电子信息产业的增长率是相应的国民生产总值增长率的2倍,电子信息产业已成为带动经济增长的关键产业。我国目前电子信息产业的规模已居世界前三位,且一直保持着世界电子产品第一制造大国的地位,电子信息产业年销售收入约10万亿元,年均增长15%左右,进出口一直占全国外贸总额的1/3以上,在全国外贸出口中持续位列第一,对国民经济的贡献率显著提高。

理由之四:我国中等职业教育新一轮教材及课程改革正如火如荼地进行。

综上所述,从电子与信息技术产业自身的发展、产业规模、用人需求等方面看,该产业是创新性最活跃,带动性最强,渗透性最广的战略性朝阳产业,需要大量的高素质劳动者和技能型人才。因此,我们开发出版一套电子与信息技术专业的系列教材是形势所需求、时代的要求、民生的需要,对中等职业教育自身教学改革来说,也是非常必要的。

按照"基础平台+专门化方向"的思路,结合当前经济发展和产业结构的实际需要,我们将电子与信息技术专业下设三个专门化方向,它们各自的课程构建如下表所示。

课程类别	专门化方向	必修课程名称	主　编	选修课程名称	主　编
基础平台课程		电工技术基础与技能	聂广林	职场健康与安全	辜小兵
		电子技术基础与技能	赵争召		
		电工技能实训	聂广林		
		电子技能实训	聂广林		
专门化方向课程	电子测量技术	电子测量技术与仪器	谭定轩、杨鸿	电子产品装配与检验	冉建平
		传感器检测技术及应用	官伦	电子电路仿真测量	王艺
		电子产品整机装配与调试	谭云峰、彭贞蓉	通信技术	邱绍峰
	通信与监控技术方向	安防系统设备安装及维护	高岭、官伦	多媒体技术及应用	吕如川
		通信技术	邱绍峰	电子产品装配与检验	冉建平
		传感器检测技术及应用	官伦	电子电路仿真测量	王艺
	汽车电子技术方向	汽车、摩托车电子设备技术及维护	张川	通信技术	邱绍峰
		多媒体技术及应用	吕如川	电子产品装配与检验	冉建平
		电子产品整机装配与调试	谭云峰、彭贞蓉		

本专业毕业生主要面向电子与信息设备的生产、销售和服务部门,从事日用电器、家用电器和办公自动化设备的装配、调试、销售和检修维护等工作,其主要的业务工作岗位

群是:

(1)在电子与信息技术产品制造业从事产品的生产、调测、维修服务等工作;

(2)在电子与信息技术营销行业从事产品的销售、售后服务和营销等方面的工作;

(3)在专业通信公司、企事业单位从事通信系统运行管理和维护保障工作;

(4)在网络工程公司、企事业单位从事用户网络工程的管理、维护保障工作;

(5)在电子生产企业从事生产工艺管理、电子产品调试与质量检测工作。

本套系列教材的编写理念为:

◆继承:继承前人的优秀成果;

◆创新:追求与其他教材的不同之处,具有独立性,新颖性;

◆实用:在内容选取上与中职学生的就业岗位相关;

◆易学:关注中职学生的基础,简洁易懂;

◆特色:突出以就业为导向、学生为主体的职教特色,突出"四新"(新技术、新材料、新工艺、新方法)的要求,着眼于学生职业生涯的发展,注重职业素养的培养,有利于课程教学改革。

本套系列教材的编写原则为:贴近时代,贴近生活,贴近学生实际。本套系列教材的编写特点为:

(1)优秀的作者团队。由中职教育教学第一线的专业骨干教师,企业生产第一线的工程技术人员,教学科研机构的研究员、博士等组成本套系列教材的编写队伍。人员构成合理,行业企业深度参与,从而保证了本系列教材的编写质量。

(2)在内容选取上以"必需"为度。

(3)在深难度把握上以"够用"为度。

(4)在编写模式上,采用模块结构,各校可在本系列教材中任意选取3~5门课程来搭建符合自己学校基础和条件的专业课程体系。

(5)在教材的编写体系上,采用"教、学、做合一"的行动体系,以项目、任务、活动案例为载体组织教学单元,体现模块化、系列化。每一个教学单元的编写结构如下图所示:

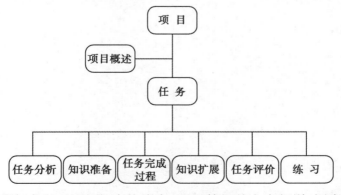

(6)内容呈现方式上,以图形、表格为主,配以简短的文字解说,语言叙述流畅上口,学生愿读易懂。同时,适当穿插一些形象生动、趣味性强、直观鲜明的小栏目提高学生的

学习兴趣。

(7)尽量与学生的职业资格鉴定要求相衔接。

(8)注意参透企业文化和企业精神,如安全、文明、环保、节能、质量意识、职业道德、团队合作、奉献精神等。

该系列教材是在党和国家高度重视职业教育的大好形势下,在国家新一轮中职教育教材改革的大框架下,经过多方认证、多次研讨的情况下进行开发的。力争编写出一套社会满意、学校满意、教师满意、学生满意的适应经济社会发展的好教材,但毕竟我们水平、能力均有限,定有很多不当之处,欢迎同行们在使用中提出宝贵意见。

总主编:聂广林

2012 年 6 月

前 言

"电子测量技术与仪器"是电子与信息技术、通信技术、控制与检测等专业必不可少的专业课之一，也是从事电子、通信、控制与检测等行业工作人员必须掌握的一项基本技能。

近年来，微电子技术、大规模集成电路、信号处理芯片、新型显示器件和计算机技术的飞速发展促进了电子仪器的发展，使得功能单一的传统测量仪器逐步向智能仪器和模块式自动测试系统发展。而大型生产企业的生产线，也通常采用大量先进的智能仪器和自动测试系统。为适应时代发展的需要，结合中职生的特点，本书力争从实际应用出发，使学生尽快入门。

本书内容包括走进电子测量世界、万用表、毫伏表、直流电源、信号发生器、示波器、频域测量仪器、电子元器件测量仪器、自动测量技术等内容。具有以下特点：

1. 对仪器仪表重点阐述使用方法和维护保养，而对仪器仪表的结构、性能指标、工作原理只作简单介绍。

2. 同一种功能的仪器，只针对一个厂家、一种型号、新款的仪器作详细介绍，其余的作简单介绍。

3. 书中多数图片是真实仪器拍摄而成，力求采用图和表格来阐述内容，使学生通过看图和简短文字的阅读，就能理解意义，掌握技能。

4. 采用项目教学的模式编写，即是一种在目标激励下的了解和学习，是一种完全在自己的主观能动性驱动下的学习，力求让学生在做中学、学中做。

本书教学共需 70 学时，建议在一年级的第一学期使用，周课时 4 节。各章学时参考如下。

项　　目	内　　容	课时安排
一	走进电子测量世界	6
二	直流电源	8
三	万用表	8
四	使用毫伏表	6
五	使用示波器	8
六	使用信号发生器	6
七	使用信号分析仪器	8

续表

项　目	内　容	课时安排
八	认识电子元器件测量仪器	6
九	自动测量技术	6
	机动	8

　　本书由杨鸿、谭定轩任主编,吕盛成、吴雄、卢娜担任副主编。项目一、三由石柱职教中心谭定轩、吕盛成老师编写;项目二由石柱职教中心何丰老师编写;项目四由石柱职教中心李伟、吴雄、李小琼老师编写;项目五、六由重庆工商学校熊祥、姚声阳老师编写;项目七、八、九由重庆工商学校杨鸿、周杨、黄元平老师编写。全书部分习题由彭水职教中心卢娜老师编写。全书由杨鸿统稿,聂广林审稿。

　　由于作者时间有限,书中若有不妥或错误之处,诚恳读者批评指正。

编　者
2020 年 8 月

Contents 目录

项目一
走进电子测量世界

【知识目标】
- 了解测量的基本概念，电子测量的意义、内容、特点、方法和分类，以及测量仪器的性能指标；
- 理解计量的基本概念，误差的表示方法，测量误差的来源，误差分类，测量数据的处理；
- 了解实训室的操作规程；
- 了解电子仪器仪表的作用。

【技能目标】
- 会解释真值、实际值、测量值、绝对误差、相对误差和允许误差等概念；
- 掌握误差的计算公式，会进行有效数字的处理；
- 学会开启实训台电源，认识实训台面板，了解用电安全，认识常用电子仪器仪表。

　　从古到今，生活中处处离不开测量，科学的进步和发展离不开测量，生产发展离不开测量，在高新技术和国防现代化建设中，更是离不开测量。中国电子测量技术经过 40 多年的发展，为我国国民经济、科学教育，特别是国防军事的发展作出了巨大贡献。进入 21 世纪以来，科学技术的发展已难以用日新月异来描述。新工艺、新材料、新的制造技术催生了新的一代电子元器件，同时也促使电子测量技术和电子测量仪器产生了新概念和新发展趋势。在学习电子测量的过程中，我们将在与测量工具、测量对象、测量环境打交道的同时，学会对测量数据进行正确处理，锻炼分析问题和解决问题的能力。因而，我们首要的任务是掌握电子测量的基础知识，熟悉工作环境，认识测量仪器。

任务一　了解电子测量

任务分析

　　电子测量是电子与通信专业的一门基础学科。本任务将对电子测量的基本概念,电子测量的意义、内容、特点、方法和分类,测量仪器的性能指标,计量的基本概念,误差的表示方法,测量误差的来源,误差分类,测量数据的处理等方面进行探讨。

任务实施

一、电子测量的意义

　　测量是人类对客观事物取得数量概念的认识过程。在这种认识过程中,人们依据一定的理论,借助于专门的设备,通过实验的方法求出被测量的量值或确定一些量值的依从关系。通常,测量结果的量值由两部分组成:数值(大小及符号)和相应的单位名称。没有单位的量值是没有物理意义的。

　　一般地说,测量是一种比较过程,把被测量与同种类的单位量通过一定的方法进行比较,以确定被测量是该单位的若干倍。被测量的数值与所选单位成反比。

　　在科学技术发展过程中,测量结果不仅用于验证理论,还是发现新问题、提出新理论的依据。历史事实证明:科学的进步和生产的发展与测量理论技术手段的发展和进步是相互依赖、相互促进的。测量手段的现代化,已被公认是科学技术和生产现代化的重要条件和明显标志之一。

　　电子测量是指以电子技术理论为依据,以电子测量仪器和设备为手段,对各种电量和非电量所进行的测量。例如某电阻的阻值,万用表测量为120 Ω。某电路电阻两端的电压,万用表测量为40 V等。

　　电子测量的范围广,从零件加工到电子产品的装配、调试、维修等都离不开电子测量。目前,电子测量的水平是衡量一个国家科学技术水平的重要标准之一。

二、电子测量的内容

　　电子测量的内容很多,总结起来有 5 个方面见表 1-1。

表 1-1　电子测量的内容

测量内容	具体实例
元器件参数的测量	电阻器的阻值、电容器的容量、晶体管和集成电路的参数等
基本量的测量	电压、电流、功率和电场强度等

续表

测量内容	具体实例
电信号特性的测量	电信号的波形、幅度、相位、周期、频率等
电路性能指标	灵敏度、增益、带宽、信噪比等
特性曲线的显示	频率特性、器件特性等

友情提示

　　频率、时间、电压、相位、阻抗等是基本参量，其他的为派生参量，基本参量的测量是派生参量测量的基础。电压测量是最基本、最重要的测量内容。

三、电子测量的特点

　　电子测量技术与电子测量仪器的应用非常广泛，与其他测量方法和测量仪器相比有着无法比拟的众多优点，具体如下。

1.测量频率范围宽

　　在电子测量中对电信号的测量，其频率覆盖范围极宽（$10^{-6} \sim 10^{12}$ Hz），但是不可能同一台仪器能在这样宽的频率范围内工作。通常是根据测量对象的工作频段不同，选用不同的测量原理和使用不同的测量仪器。

2.测量量程宽

　　所谓量程是指测量范围的上下限值之差。电子测量的另一个特点是被测量的量值大小相差悬殊。例如，一台数字电压表可以测出从纳伏（nV）级至千伏（kV）级的电压，其量程达 9 个数量级；一台用于测量频率的电子计数器，其量程可达 17 个数量级。

3.测量准确度高

　　对于不同参数的测量，测量结果的准确度是不一样的。有些参数的测量准确度可以很高，而有些参数的测量准确度却又相当低。电子测量的准确度比其他测量方法高得多，特别是对频率和时间的测量，误差可减小到 10^{-13} 量级，是目前人类在测量准确度方面达到的最高指标。

4.测量速度快

　　由于电子测量是利用电子测量仪器完成的，因此其工作速度几乎等同于电子运动和电磁波的传播速度，使得电子测量无论在测量速度，还是在测量结果的处理上，都是其他测量方法不可比拟的。

5.可以进行遥测

　　人们可以把电子仪器或与它连接的传感器放到人类自身无法达到或不便长期停留的地方进行测量。通过测量仪器把现场所需测量的量转换成易于传输的电信号，用有线或无线的方式传送到测试控制中心，从而实现遥测和遥控。

6.可以实现测试智能化和测试自动化

电子测量本身和它所测量的信号都是电信号,通过计算机技术的发展和广泛应用,给电子测量技术和设备带来了新的生机。

四、电子测量的方法

选用什么电子测量方法是测量工程中至关重要的一步,常用的电子测量方法一般有以下3种:

1.直接测量法

直接测量法就是直接从仪器仪表的刻度线上读出或显示器上显示出测量结果的方法。例如测量电阻器的电阻,可以从万用表的刻度线上直接读出结果。例如,用频率计测量频率,用电流表串入电路中测量电流,都属于直接测量。直接测量法直观、迅速。

2.间接测量法

用直接测量的量与被测量之间的函数关系(公式、曲线、表格),间接得到被测量值的测量方式被称为间接测量。例如,用伏安法测量电阻消耗的直流功率 P,可以通过直接测量电压 U 和电流 I,然后根据函数关系 $P=UI$,经过计算,间接获得电阻消耗的功耗 P。

3.组合测量

当某项测量结果需用多个参数表达时,可通过改变测试条件进行多次测量,再根据测量结果与参数间的函数关系列出方程组并求解,进而得到未知量,这种测量方法称为组合测量。例如电阻器电阻温度系数的测量就是通过组合测量的方式得到的。

任务评价

评价内容	配分/分	得 分	评价内容	配分/分	得 分
能理解测量和电子测量的意义	25		能总结电子测量的特点	20	
能说出电子测量的内容	25		能领悟电子测量的方法	20	
遵守纪律,服从管理,学习态度积极、主动	10		评价结果	总分	
				评价等级	

任务二　认识测量误差

测量的目的是获得真实反映被测对象的特性、状态或状态变化过程的信息,由此信息作出某种判断、评价或决策。但因多方面原因,使测量结果与被测对象的真实状况之间存在一定的偏差。为了使测量结果更真实,决策更准确,因此要学习测量误差。

任务分析

本任务主要了解测量误差的定义和产生误差的原因,掌握测量误差的表示方法,理解测量误差的分类,学会处理测量误差。

任务实施

一、测量误差的定义和来源

1.测量误差的定义

测量误差就是指测量结果与被测量的真值之间的偏差。即:

$$误差 = 测量值 - 真值$$

例如,在电压测量中,真实电压 5 V,测得的电压为 5.3 V,则误差 = 5.3 V − 5 V = +0.3 V。

被测量的真值是一个理想的概念,是客观存在的,却难以获得。例如:现在是什么时间? 能准确地报出北京时间吗? 为此,在检定或校验仪器仪表的工作中,常以高一等级标准仪器或计量器具所测得的数值来代替真值。真值确认示意图如图 1-1 所示。

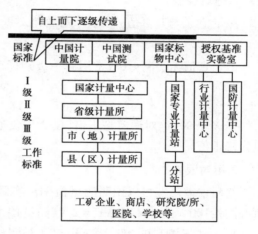

图 1-1 真值确认示意图

测量工作的价值在于测量的准确度。随着科学技术的发展,人们对减少误差提出了更高的要求。当测量误差超过一定限度时,测量工作变得毫无意义,甚至给工作带来很大的危害。因此,控制测量误差就成为衡量测量技术水平的标志之一。

2.测量误差的来源

测量误差是各种因素的偏差的综合,其来源较复杂,主要包括表 1-2 所示内容。

表 1-2 测量误差的来源

名　称	定　义	举　例
仪器误差	仪器(仪表)本身及附件引起的误差	指针式仪表刻度的误差; 数字式仪表的量化误差; 仪表内电路的零点飘移
使用方法误差 (操作误差)	测量过程中,使用方法不恰当而造成的误差	规定垂直安放的仪器水平放置; 接线太长或未考虑阻抗匹配; 未按操作规程进行预热、调节、校准等

续表

名　称	定　义	举　例
人身误差	由于人的感觉器官和运动器官不完善所产生的误差	测试人员在读取仪表的指示数时,总是读得偏高或偏低
环境误差	由外界环境的变化而产生的误差	温度、湿度、电磁场、机械振动、噪声、光照、放射性等变化

二、测量误差的表示方法

测量误差的表示方法有两种:绝对误差和相对误差。

1.绝对误差

测量值 X 与其真值 A_0 的差,称为绝对误差,用 ΔX 表示:

$$\Delta X = X - A_0$$

由于真值无法测得,故常用高一级别标准仪器的测量值 A 代替真值 A_0,则绝对误差表达式为:

$$\Delta X = X - A$$

当 $X > A$ 时,绝对误差是正值,反之为负值。与绝对误差、绝对值相等,但符号相反的值为修正值。

2.相对误差

绝对误差虽然可以说明测量值偏离实际值的程度,但是不能说明测量的准确程度。例如测量100 V的电压时 $\Delta X_1 = 2$ V,测量10 V电压时 $\Delta X_2 = 0.5$ V,虽然 $\Delta X_1 > \Delta X_2$,但是实际 ΔX_1 只占被测量的2%,而 ΔX_2 却占被测量的5%。显然后者的误差对测量结果的影响相对较大。因此,工程上常采用相对误差来比较测量结果的准确程度。用测量的绝对误差 ΔX 与被测量的约定值 A(高一级别标准仪器的测量值)之比称为相对误差,用百分数表示。相对误差有以下几种表示方法。

(1)实际相对误差(r_A)

用绝对误差 ΔX 与被测量的实际值 A 的百分比来表示实际相对误差,即

$$r_A = \frac{\Delta X}{A} \times 100\%$$

(2)示值相对误差(r_X)

用绝对误差 ΔX 与仪器给出值 X 的百分比来表示示值相对误差,即

$$r_X = \frac{\Delta X}{X} \times 100\%$$

(3)满度相对误差(r_m)

用绝对误差 ΔX 与仪器的满刻度值 X_m 的百分比来表示满度相对误差(又称引用误差),即

$$r_m = \frac{\Delta X}{X_m} \times 100\%$$

电工仪表的准确度分为 0.1、0.2、0.5、1.0、1.5、2.5 和 5.0 共 7 个等级,由满度相对误差 (r_m) 决定。例如准确度为 0.5 级的电表,意味着它的 $|r_m| \leqslant 0.5\%$ 但超过 0.2%。

注意:测量结果的准确度一般总是低于仪器(仪表)的准确度。其次在仪表准确度等级确定后,示值越接近最大量程,示值相对误差就越小。所以测量时应注意选择合适的量程,使指针的偏转位置尽可能处于满度值的 2/3 以上区域。

三、测量误差的分类

从测量误差产生的原因及特征角度看,误差分为系统误差、随机误差和粗大误差三类,见表 1-3。

表 1-3　测量误差的类型、意义和产生原因

名　称	意　义	产生原因
系统误差	在相同条件下重复测量同一量时,误差的大小和符号保持不变或按照一定的规律变化的误差	仪器误差、使用方法误差、人身误差、环境误差等
随机误差	在相同条件下重复测量同一量时,误差的大小和符号无规律地变化的误差	仪器内部器件和零部件产生的噪声、温度及电源电压的不稳定,电磁干扰,测量人员感觉器官的无规律变化等因素
粗大误差（过失误差）	在一定条件下测量结果明显偏离实际值所对应的误差	测量者对仪器不了解、粗心,导致读数不正确或突发事故等

四、测量数据的处理

测量数据的处理,就是从测量值原始数据中求出被测量的最佳估计值,并计算其准确度。

1.有效数字

有效数字是在分析工作中实际测量到的数字,除最后一位是可疑数字之外,其余的数字都是确定的。它一方面反映了数量的大小,同时也反映了测量的精密程度。

有效数字的构成:全部准确数字+最后一位估计的可疑数字。有效数字位数的定义:从第 1 位非零的数字算起,到最后一位数字为止。

例 1-1　用指针式万用表 10 V 电压挡测得结果如图 1-2 所示。

$U = 4.1$ V　（两位有效数字）

0.003 8 kg = 3.8 g　（两位有效数字）

0.026 m　（两位有效数字）

0.026 0 m　（三位有效数字）

图 1-2　电压表的读数

友情提示

有效数字的正确表示,应注意以下几点:

①前面的"0"不能算有效数字,后面的"0"是有效数字。例如 0.045 和 45.00 前者为 2 位有效数字,后者为 4 位有效数字。

②对后面带"0"的大数目数字,不同写法的有效数字位数是不同的。例如 1 000 如果写成 10×10^2 表示 2 位有效数字,写成 1×10^3 则表示 1 位有效数字。

③有效数字的位数与测量误差的关系在写有绝对误差时,有效数字的末位应与绝对误差取齐。例如 6.25 ± 0.01 不能写成 6.25 ± 0.1,又如 16.250 ± 0.012 不能写成 $16.250 \pm 0.012\ 2$。在写带有单位的量值时,有效数字也应与绝对误差对齐。例如 $4\ 500\ kHz \pm 1\ kHz$ 不能写成 $4.5\ MHz \pm 1\ kHz$。

2.数据舍入规则

测量中使用四舍六入五凑偶法则,如

$$规则 \begin{cases} 小于 5 舍 \\ 大于 5 入 \quad 3.624\ 56 \to 3.625 \\ 等于 5 取偶 \begin{cases} 5 后有数,舍 5 入 1 \\ 5 后无数或为零时 \begin{cases} 5 前是奇数,舍 5 入 1 \quad 17.995 \to 18.00 \\ 5 前是偶数,舍 5 不进 \quad 14.985\ 0 \to 14.98 \end{cases} \end{cases} \end{cases}$$

(注:三例都取 4 位有效数字)

练一练

在图 1-2 中,在不同测试状况下,若指针恰好指向图示位置,完成下表内容(结果保留两位有效数字)。

测量项目	量程	读数	测量项目	量程	读数
直流电阻	×1		直流电流/mA	0.05	
	×10			0.5	
	×100			5	
	×1 k			50	
	×10 k			500	
直流电压/V	0.5		交流电压/V	10	
	2.5			50	
	10			250	
	50			500	
	250			1 000	
	500				
	1 000				

任务评价

评价内容	配分/分	得分	评价内容	配分/分	得分
能说出误差的定义和来源	20		能对测量误差进行正确分类	20	
能正确表示测量误差	25		能正确处理测量数据	25	
遵守纪律,服从管理,学习态度积极、主动	10		评价结果	总分	
				评价等级	

任务三　认识实训室

实验,是科学研究的基本方法之一。根据科学研究的目的,尽可能地排除外界的影响,突出主要因素并利用一些专门的仪器设备,人为地变革、控制或模拟研究对象,使某一些事物(或过程)发生或再现,从而去认识自然现象、自然性质、自然规律。我们对电子测量技术与仪器的认识和学习,将从实训室开始。

任务分析

本任务我们要认识实训室,并能准确地说出各自的工位上有些什么? 它们的功能是什么? 在使用过程中要注意些什么?

任务实施

一、电子类通用实训室的结构及主要功能

电子类通用实训室是进行电子测量的训练场所,是电类专业学生进行实际操作的主要场地。

1.电子实训室的总体认识

我们走进实训大楼,来到电子类实训室区域,门厅的墙上有本实训室的管理制度,如图 1-3 所示,它包括实训安全管理制度,实训教师工作职责、电子电工实训安全操作规程等。另外还有职业技能鉴定的相关条例,如图 1- 4 所示。

图 1-3　实训室管理制度

图 1-4 职业技能鉴定相关条例

图 1-5 电子电工实训室

走进实训室,首先观察实训室的全貌,通用电子实训室如图 1-5 所示。整个电子实训室的硬件配置有一控制台和多个工位,其中每个工位包括:一套通用电子电工实训台、实验台面、工具抽屉、元件储存柜、一台实训配套计算机(联接有教学用局域网)。每个实训台上均铺设有绝缘橡胶垫,它是用电安全的保护,同时也起着保护实训台面的作用。实训室的地面上画有安全线,将工位区域(学生实训区域)与安全通道隔开。此外,为了做好实训室的管理和保证实训安全,实训室内有相应的《实训管理制度》和《实训安全操作规程》。在实训室中,还张贴有与实训相关的部分电工电子元件和器材图片等。

2.工位的主要功能

(1)通用实训台(见图 1-6)

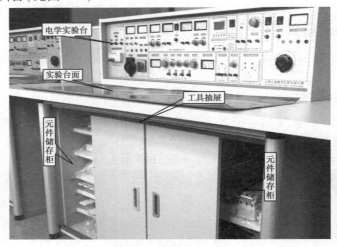

图 1-6 通用实训台结构

(2)通用实训台的主要功能

通用实训台如图 1-7 所示,各部分功能及技术性能介绍见表 1-4。

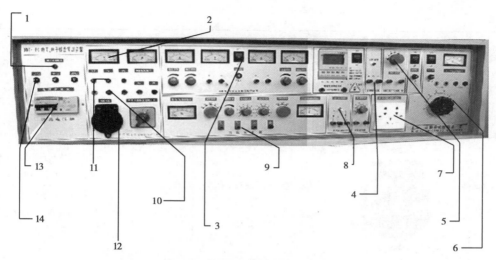

图 1-7　通用实训台的主要功能

1—电源输入指示灯;2—交流电压表;3—直流稳压稳流电流;4—5 V 直流稳压电流;5—低压交流电流;
6—可调交直流电源;7—单相电源插座组;8—脉冲源;9—函数发生器;10—三相电源输出插口;
11—电源输出指示;12—电压换相开关;13—漏电断路器;14—三相保险座

表 1-4　通用实训台的部分功能及技术性能

名　称	实物图	作　用	技术性能	使用说明
三相保险座	U_FU　V_FU　W_FU　FUSE FUSE FUSE	实训台上的第一保护装置	额定电流 2 A	若熔断,必须更换同规格的保险管
电源输入指示灯	电源输入指示	指示三相四线电源和实验台的通断		亮表示电源接通,灭表示电源没有接通
漏电断路器	DZ47-63 DZ47LE 电源总开关	电源总开关,带漏电保护	$U_n = 400$ V $L_\triangle \leqslant 30$ mA $T \leqslant 0.1$ s	打向合位置,设备进入工作状态,实验结束后应把所有开关打至零位置,断路器打至"下"位置
电源输出指示		开关接通时,红、绿、黄指示灯亮		缺相时,相应的指示灯不亮

续表

名　称	实物图	作　用	技术性能	使用说明
交流电压表		指示线电压		
电压换相开关		用以观测三相电压对称与否		转动换相开关即可观测三相电压对称情况（换相开关上标有AB、BC、AC、停相应位置）
三相电源输出插口		由4个接线柱 U、V、W、N 组成一组三相四线制电源输出		
函数发生器		输出正弦波、方波、三角波三种波形，其中正弦波输出幅值有表指示		
脉冲源		输出一组单脉冲		其输出频率有赫兹表指示，基本误差≤5%，频率选择有 5 挡初调，并可细调，实验中需适当调节。正弦波输出幅值有表指示，根据实验要求调节幅值
直流稳压稳流电流		输出二路独立连续可调的直流稳压电源	每路电压 0~30 V连续可调	
5 V直流稳压电流		提供电压 5 V，最大电流为0.5 A的直流电源		

续表

名　称	实物图	作　用	技术性能	使用说明
低压交流电流		提供 3、6、9、12、15、18、24 V交流电源		
单相电源插座组	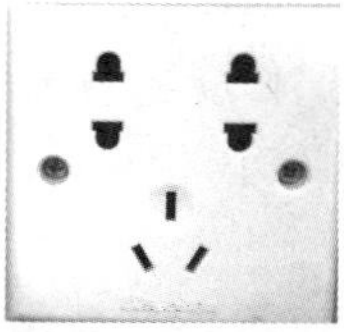	提供国内外几种标准的单相220 V电源插座		
可调交直流电源	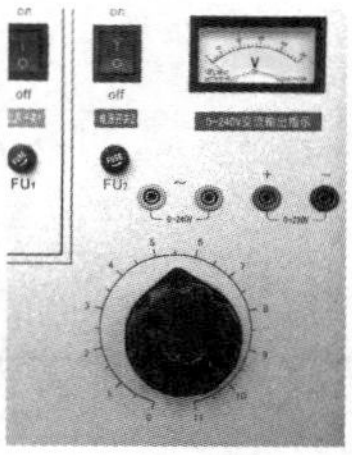	对外提供 0～250 V连续可调交直流电源		根据实验需要调节电压(顺时针调节电压上升),使用完毕应把电压调至零
电力监测仪	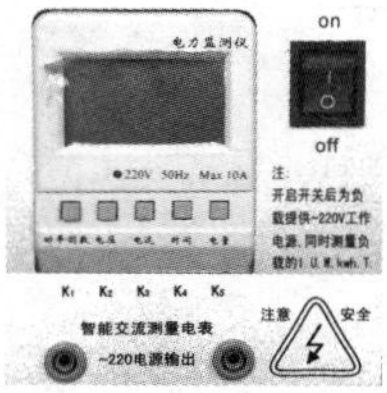	进行智能交流电量测量		

（3）实验台面的功能

装有实验通用底板,实验时固定元件单元盒及电气连接。

（4）抽屉的功能

放置实验工具、连接线、指导书等。

（5）元件储存柜

放置实验元件盒等。

二、电子类通用实训室的使用及安全操作规程

1.实验台部分使用及安全操作规程

①接通三相四线电源,实验台左上方电源输入指示灯亮,漏电断路器打至"上"位置,设备即进入工作状态。

②三相输入电压有表指示,转动换相开关即可观测三相电压对称情况(换相开关上标有 AB、BC、AC、停相应位置)。

③双路直流稳压稳流电源,每路电压 0～30 V 连续可调,采用多圈电位器调节,可非常方便、准确地调节 0～30 V 的某一电压。

④函数发生器:其输出频率有赫兹表指示,基本误差≤5%,频率选择有五挡初调,并可细调,实验中需适当调节。正弦波输出幅值有表指示,根据实验要求调节幅值。

⑤脉冲源:使用时只需按动按钮就可在对应输出端子得到一对正负脉冲。

⑥0～250 V 连续可调交流电源:有表指示,根据实验需要调节电压(顺时针调节电压上升),使用完毕应需把电压调至零。

⑦整流桥:0～250 V 连续可调交流电源经整流桥后即可得到相应的直流电压。

⑧音频功率放大器:输入音频电压不低于 2 mV,输出功率不小于 1 W,音量可调,内有喇叭。

⑨实验结束后应把所有开关打至零位置,断路器打至"下"位置。

2.实验台面使用及安全操作规程

实验台上面有通用实验底板,实验时根据电路的特点合理选择位置插入元件盒,元件盒插入拔出要轻、慢,大的元件盒需要双手垂直插拔。

实验结束后元件盒及元件储存板应放回原处,以方便下次再用。

记一记

电子实训室安全操作规程

①实训(验)期间,学生必须严格执行本专业的安全操作规程。

②认真学习实训(验)指导书,掌握电路或设备工作原理,明确实训(验)目的、实训(验)步骤和安全注意事项。

③学生分组实训(验)前应认真检查本组仪器、设备及电子元器件状况,若发现缺损或异常现象,应立即报告指导教师或实训室管理人员处理。

④认真阅读实训(验)报告,按工艺步骤和要求逐项逐步进行操作。不得私设实训(验)内容,扩大实训(验)范围(如乱拆元件、随意短接等)。

⑤学生在实训(验)过程中使用的实训(验)设备,人为损坏或丢失的将追究其责任。

⑥焊接过程中所用的烙铁等发热工具不能随意摆放,以免发生烫伤或酿成火灾。

⑦拆焊操作时,热风枪温度不能过高,不用时立刻关闭或调低温度待用。

⑧调节仪器旋钮时,力量要适度,严禁违规操作。

⑨测量电路元件电阻值时,必须断开被测电路的电源。

⑩使用万用表、毫伏表、示波器、信号源等仪器连接测量电路时,应先接上接地线端,再接上电路的被测点线端;测量完毕拆线时,则先拆下电路被测点线端,再拆下接地线端。

⑪使用万用表、毫伏表测量未知电压,应先选最大量程挡进行测试,再逐渐下降到合适的量程挡。

⑫用万用表测量电压和电流时,不能带电转动转换开关。

⑬万用表使用完毕,应将转换开关旋至空挡或交流电压最高挡位。

⑭毫伏表在通电前或测量完毕时,量程开关应转至最高挡位。

⑮给直流供电设备接电源时,应把直流电源电压旋钮调到最低处,接好电源后再把电源开关打开,并调电压至额定值。

⑯示波器显示波形时,亮度应控制在合适位置,中途暂时不用时应调低亮度。

⑰示波器显示的波形幅度,超出显示范围时,应减小 V/div 挡位。

⑱严格遵守单片机安全操作规程,禁止违规操作(如带电接线、用力压线路板、私自拔出线路板上的元器件、短接电路等)。如果单片机发出"嘟嘟"报警声,电源指示灯不亮,表示电源已被短路,应立即关机。

⑲实训(验)中途断电,应立刻关掉仪器开关,等候指导教师或实训室管理人员安排。

⑳电器保险丝被熔断是电路电流过大的保护性反映,应在教师指导下更换相同规格的保险丝,不得私自更换或换用额定电流值更大的保险丝,更不能用铝、铜等其他金属丝代替。以免电器失去过流保护,损伤仪器设备甚至引发火灾。

㉑实训(验)结束后,应先关闭仪器电源开关,再拔下电源插头,避免仪器受损。

㉒爱护实训(验)设备、设施和软件配置。不得动用与实训(验)内容无关的仪器设备。

㉓不得私自打开实训(验)室内柜门拿取器材,不准剪下仪器引线及接线夹,不准将实训(验)器材带出室外,违者必究。

㉔下课前,必须对所使用的仪器设备进行检查,如有问题应及时报告管理员,并关闭电源,方能离开。

三、实训室管理

目前,在国内外企业中得到广泛推广和应用的实训室管理模式是 5S 管理。5S 包括整理(SEIRI)、整顿(SEITON)、清扫(SEISO)、清洁(SEITKETSU)、素养(SHITSUKE) 5 个项目,兴起于日本,因日语的罗马拼音均以"S"开头而简称 5S 管理。5S 对于塑造企业的形象、降低成本、准时交货、安全生产、高度的标准化、创造令人心旷神怡的工作场所、现场改善等方面能发挥巨大作用。在实验室模拟推行 5S 活动,旨在训练我们的职业素养。

1.整理

整理的定义:区分要与不要的物品,现场只保留必需的物品。

整理的目的：

①改善和增加作业面积；

②现场无杂物，行道通畅，提高工作效率；

③减少磕碰的机会，保障安全，提高质量；

④消除管理上的混放、混料等差错事故；

⑤有利于减少库存量，节约资金；

⑥改变作风，提高工作情绪。

整理的意义：把要与不要的人、事、物分开，再将不需要的人、事、物加以处理，对生产现场现实摆放和停滞的各种物品进行分类，区分什么是现场需要的，什么是现场不需要的；其次，对于现场不需要的物品，诸如用剩的材料、多余的半成品、切下的料头、切屑、垃圾、废品、多余的工具、报废的设备、工人的个人生活用品等，要坚决清理出生产现场，把现场不需要的东西清理掉。对于车间里各个工位或设备的前后、通道左右、厂房上下、工具箱内外，以及车间的各个死角，都要彻底搜寻和清理，达到现场无不用之物。

整理的评价：

项　次	检查项目	得　分	检查状况
1	工位场所的设备	1	设备分为必要和不必要两种，不必要的设备清理掉
		0	必要的设备和不必要的设备放在一起，场所拥挤
2	工位场所的材料	1	材料分为必要和不必要两种，不必要的材料清理掉
		0	必要的材料和不必要的材料放在一起，场所拥挤
3	工位场所的工具	1	工具分为必要和不必要两种，不必要的工具清理掉
		0	必要的工具和不必要的工具放在一起，场所拥挤

2.整顿

整顿的定义：必需品依规定定位、方法摆放整齐有序，明确标示。

整顿的目的：不浪费时间寻找物品，提高工作效率和产品质量，保障生产安全。

整顿的意义：把需要的人、事、物加以定量、定位。通过前一步整理后，对生产现场需要留下的物品进行科学合理的布置和摆放，以便用最快的速度取得所需之物，在最有效的规章、制度和最简捷的流程下完成作业。

整顿的要点：

①物品摆放要有固定的地点和区域，以便于寻找，消除因混放而造成的差错。

②物品摆放地点要科学合理。例如，根据物品使用的频率，经常使用的东西应放得近些（如放在作业区内），偶尔使用或不常使用的东西则应放得远些（如集中放在车间某处）。

③物品摆放目视化，使定量装载的物品做到过目知数，摆放不同物品的区域采用不同

的色彩和标记加以区别。

整顿的项目及评价：

项　次	检查项目	得　分	检查状况
1	设备	1	设备定点放置
		0	杂乱放置
2	工具	1	工具定点摆放
		0	工具随处乱放
3	元器件	1	元器件"定点、定容、定量"摆放
		0	元器件随处乱放
4	图纸	1	图纸定点放置
		0	图纸随处乱放
5	文件档案	1	文件档案定点放置
		0	文件档案随处乱放

3.清扫

清扫的定义：清除现场的脏污，清除作业区域的物料垃圾。

清扫的目的：清除"脏污"，保持现场干净、明亮。

清扫的意义：将工作场所的污垢去除，使异常的发生源容易发现，是实施自主保养的第一步，其意义主要是在提高设备稼动率。

清扫的要点：

①自己使用的物品，如设备、工具等，要自己清扫，而不要依赖他人，不增加专门的清扫工。

②对设备的清扫，着重于对设备的维护保养。清扫设备要同设备的点检结合起来；清扫设备要同时做设备的润滑工作，清扫即保养。

③清扫也是为了改善工作环境。当清扫地面发现有飞屑和油水泄漏时，要查明原因，并采取措施加以改进。

清扫项目及评价：

项　次	检查项目	得　分	检查状况
1	设备	1	仪器仪表及时清扫
		0	仪器仪表没有及时清扫
2	工具	1	工具每天擦拭，定期保养
		0	工具不擦拭，不做定期保养，生锈

续表

项　次	检查项目	得　分	检查状况
3	工作台面	1	工作台面适时擦拭
		0	工作台面凌乱且脏
4	工作区角落	1	角落保持干净
		0	角落未清扫,有灰尘及其他杂物

4.清洁

清洁的定义:将整理、整顿、清扫实施的做法制度化、规范化,维持其成果。

清洁的目的:认真维护并坚持整理、整顿、清扫的效果,使其保持最佳状态。

清洁的意义:通过对整理、整顿、清扫活动的坚持与深入,从而消除发生安全事故的根源。创造一个良好的工作环境,使职工能愉快地工作。

清洁的要点:

①车间环境不仅要整齐,而且要做到清洁卫生,保证工人身体健康,提高工人劳动热情。

②不仅物品要清洁,而且工人本身也要做到清洁,如工作服要清洁,仪表要整洁,及时理发、刮须、修指甲、洗澡等。

③工人不仅要做到形体上的清洁,而且要做到精神上的"清洁",待人要讲礼貌、要尊重别人。

④要使环境不受污染,进一步消除浑浊的空气、粉尘、噪声和污染源,消灭职业病。

清洁项目的检查及评价:

项　次	检查项目	得　分	检查状况
1	通道作业区	1	有划分
		0	没有划分
2	工作台面	1	工作台面整齐,洁净
		0	工作台面凌乱,脏
3	工具箱	1	工具箱内工具摆放整齐
		0	工具箱内工具摆放凌乱
4	文件档案	1	文件档案保持定点摆放
		0	文件档案到处乱放
5	图纸	1	图纸保持定点摆放
		0	图纸随处乱放

5.素养

素养的定义:人人按章操作、依规行事,养成良好的习惯。

素养的目的:提升"人的品质",培养对任何工作都讲究认真的人。

素养的意义:努力提高人员的修身,使人员养成严格遵守规章制度的习惯和作风,是"5S"活动的核心。

素养检查项目及评价:

项 次	检查项目	得 分	检查状况
1	日常 5S 活动	0	没有活动
		1	虽有清洁活动,但非 5S 计划性工作
		2	能按 5S 计划工作,但没有做好
		3	平时能够自觉做到
		4	对 5S 活动非常积极
2	服装	0	穿着邋遢,破损未修补
		1	不整洁
		2	纽扣未扣好或鞋带未系好
		3	按规定着工作装,带识别证
3	仪容	0	不修边幅且邋遢
		1	头发胡须过长,佩戴饰物
		2	有上两项中的一项缺点
		3	均依规定整理
		4	感觉精神有活力
4	行为规范	0	举止粗暴,口出脏言
		1	衣衫不整,不卫生
		2	自己的事可以做好,但缺乏公德心
		3	自觉遵守学校或单位的规定
		4	富有主动精神,团队精神
5	时间观念	0	缺乏时间观念,有迟到现象
		1	稍有时间观念,有迟到现象
		2	不愿意受时间约束,但会尽力去做
		3	约定时间会全力去完成
		4	约定时间会提早去做好

任务四　认识测量仪器仪表

任务分析

　　作为一名电子专业人员,我们必须会使用常用的电子测量仪器,并能根据被测对象选择测量仪器仪表。那么,用于电子测量的仪器有哪些呢?下面我们将在电子测量实训室(见图1-8)学习常用的电子仪器仪表。

图1-8　电子测量与仪器实训室

任务实施

　　本任务主要是认识常用的电子仪器仪表。

1.电压测量仪器

　　电压测量仪器是指用于测量信号电压的仪器,包括模拟式电压表、毫伏表、数字式电压表等,如图1-9所示。

(a)电压表

(b)毫伏表

(c)FM47型指针式万用表

(d)VC890D 数字式万用表

图1-9　电压测量仪表

2.频率、时间、相位测量仪器

频率、时间、相位测量仪器是指用于测量信号频率、周期、相位的仪器,包括电子计数式频率计、石英钟、数字式相位计等,如图1-10所示。

（a）电子计数式频率计

（b）SS7200A 多功能等精度频率计

（c）SD1000 高精度相位计

（d）石英钟

图 1-10 频率、时间、相位测量仪器

3.电路参数测量仪器

电路参数测量仪器是指用于测量电阻、电感、电容等电路参数的仪器,包括各类电桥,Q 表,RLC 测试仪,晶体管或集成电路参数测试仪、图示仪等,如图1-11所示。

（a）全数显高频 Q 表

（b）qe-2781 型数字 RLC 测试仪

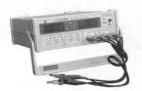
（c）wy2812a 数字电桥

（d）数字频率特性测试仪

图 1-11 电路参数测试仪

4.测试用信号源

测试用信号源是指用于提供符合一定技术要求的电信号产生仪器,包括各类低频和高频信号发生器、脉冲信号发生器、函数发生器。

（a）SGl052S 型高频信号发生器

（b）彩电信号发生器

（c）脉冲信号发生器

（d）实训台上的函数信号发生器

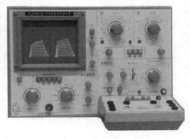

（e）xj4810 晶体管图示仪

图 1-12　测试用信号源

5.信号分析仪器

信号分析仪器是指用于测量信号非线形失真度和信号频谱特性等的仪器,包括失真度仪、频谱分析仪等,如图 1-13 所示。

（a）频谱分析仪

（b）失真度仪

图 1-13　信号分析仪器

6.波形测量仪器

波形测量仪器是指用于显示信号波形的仪器,主要指各类示波器,如通用示波器、多踪示波器、多扫描示波器、取样示波器等,如图 1-14 所示。

（a）泰克 MSO2024 混合信号示波器　　　　（b）高速取样示波器

图 1-14　波形测量仪器

7.模拟电路特性测试仪器

模拟电路特性测试仪器是指用于分析模拟电路幅频特性、噪声特性等特性的仪器。包括扫频仪、噪声系数测试仪等,如图 1-15 所示。

（a）LK9801 蓝科电参数测试仪　　　　（b）双通道宽带扫频仪

（c）噪声系数测试仪

图 1-15　模拟电路特性测试仪器

8.数字电路特性测试仪器

数字电路特性测试仪器是指用于分析数字电路逻辑等特性的仪器,主要指逻辑分析仪,如图 1-16 所示。这类仪器内部多带有微处理器或通过接口总线与外部计算机相连,是数据域测量中不可缺少的设备。

（a）数字电路特性测试仪器　　　　（b）数字频率特性测试仪

图 1-16　逻辑分析仪器

在教师指导下,参观各种电子测量仪器并填写下表。

序　号	名　称	型　号	生产企业	用　途	单　价

习题一

一、填空题

(1)电子测量是以_____为依据,以_____为手段,对_____和_____所进行的测量。电子测量结果的量值由_____和_____两部分组成。

(2)先测量 20 kΩ 电阻两端的电压,再求出流过电阻的电流,这种测量方法称为_____测量法。

(3)被测量的真实值与测量值的偏差叫_____。

(4)某同学将规定卧式放置的仪器错误地变为立式放置来测量,因此而产生的误差称为_____。

(5)如果测得 20 kΩ 电阻的测量值为 19.5 kΩ,则测量的绝对误差为_____,测量的相对误差为_____。

(6)测量时选择量程的原则是,使指针的偏转位置尽可能处于满度值的_____以上区域。

（7）数据舍入简单概括为_____。

（8）用伏安法测量电阻的方法属于_____测量法。

（9）电子测量的准确度比其他测量方法高得多,特别是针对频率和时间的测量,误差可减少到_____量级。

（10）工程上常采用_____误差来比较测量结果的准确度。

（11）随机误差的大小可以用测量值的_____衡量,其值越小,测量值越集中,测量的_____越高。

（12）用一只 0.5 级 50 V 的电压表测量直流电压,产生的绝对误差 ≤ _____V。

（13）对于一般的工程测量,用_____表示测量的准确度较为方便。

（14）相对误差定义为_____与_____的比值,通常用百分数表示。

（15）根据误差性质,测量误差可分为_____、_____、_____。

（16）测量仪表的精度又可以用_____、_____和_____3 个指标加以表征。

二、判断题（准确的用"√",错误的用"×"）

（1）用数字表对某电阻的阻值进行测量不是电子测量。　　　　　　　（　　）

（2）由于环境温度变化而引起的测量误差称为仪器误差。　　　　　　（　　）

（3）在写带有单位的量值时,准确的写法是 780 kΩ±1 kΩ。　　　　　（　　）

（4）$20×10^2$ 是 4 位有效数字。　　　　　　　　　　　　　　　　　（　　）

（5）当被测量的电压是 8 V 时,量程应选择 10 V 挡测量误差才最小。　（　　）

（6）电子测量仪器外表有灰尘,可以用湿布擦去。　　　　　　　　　　（　　）

（7）为了人身和财产的安全,测量仪器的外表不可接地。　　　　　　　（　　）

（8）由于测量者的粗心导致读数不正确所造成的误差称为随机误差。　（　　）

（9）基本参量的测量是派生参量测量的基础。　　　　　　　　　　　　（　　）

（10）表示有效数字时,后面的"0"不能算有效数字,前面的"0"是有效数字。（　　）

（11）数据 3.214 50 保留 4 位有效数字,按照修约规则的结果是 3.214。　（　　）

（12）粗大误差具有随机性,可采用多次测量,用求平均的方法来消除或减少。

　　　　　　　　　　　　　　　　　　　　　　　　　　　　　　　　（　　）

（13）通过多次测量取平均值的方法可减弱随机误差对测量结果的影响。　（　　）

（14）绝对误差就是误差的绝对值。　　　　　　　　　　　　　　　　　（　　）

三、选择题

（1）不属于测量内容的是（　　）。

　　A.电信号特性的测量　　　　　　　　　B.特性曲线的显示

　　C.器件序号的鉴别　　　　　　　　　　D.元器件参数的测量

(2)不属于直接测量法的是（　　　）。

  A.电流表串入电路中测量电流   B.用频率计测量频率

  C.用万用表测量电路中的电阻   D.用伏安法测量电阻

(3)系统误差越小，测量结果（　　　）。

  A.越准确   B.越不准确

  C.越不一定准确   D.与系统误差无关

(4)电工仪表的准确等级常分为（　　　）个级别。

  A.6   B.7   C.8   D.9

(5)修正值是与绝对误差（　　　）的值。

  A.大小相等但符号相反   B.大小不相等且符号相反

  C.大小相等且符号相同   D.大小不相等但符号相同

(6)在使用连续刻度的仪表进行测量时（欧姆表除外），一般应使被测量的数值尽可能在仪表满刻度值的（　　　）以上。

  A.1/4   B.1/3   C.1/2   D.2/3

(7)根据测量误差的性质和特点，可以将其分为（　　　）三大类。

  A.系统误差、随机误差、粗大误差 B.固有误差、工作误差、影响误差

  C.绝对误差、相对误差、引用误差 D.稳定误差、基本误差、附加误差

(8)下列测量中属于间接测量的是（　　　）。

  A.用万用欧姆挡测量电阻   B.用电压表测量已知电阻上消耗的功率

  C.用逻辑笔测量信号的逻辑状态 D.用电子计数器测量信号周期

(9)测量的正确度是表示测量结果中（　　　）大小的程度。

  A.系统误差   B.随机误差   C.粗大误差   D.标准偏差

四、简答与计算题

(1)什么是电子测量？下列两种情况是否属于电子测量？为什么？

  ①用水银温度计测量温度；

  ②利用传感器将温度变为电量，通过测量该电量来测量温度。

(2)电子测量的主要内容有哪些？电子测量有什么特点？

(3)在测量电流时，若测量值为100 mA，实际值为98.7 mA，则绝对误差和修正值各为多少？若测量值为99 mA，修正值为2 mA，则实际值和绝对误差又各为多少？

(4)用量程为10 mA的电流表测量实际值为8 mA的电流，若读数是8.15 mA，试求测量的绝对误差、示值相对误差和引用相对误差。

(5)若测量8 V左右的电压，有两只电压表，其中一只量程为100 V、0.5级；另一只量程为10 V、2.5级。问选用哪一只电压表测量比较合适？

(6)用0.2级100 mA的电流表和2.5级100 mA的电流表串联测量电流，前者示值为80 mA，后者示值为77.8 mA。

  ①如果把前者作为标准表校验后者，问被校表的绝对误差是多少？应当引入的修

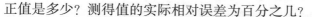

正值是多少？测得值的实际相对误差为百分之几？

②如果认为上述结果是最大绝对误差,则被校表的准确度应定为几级？

（7）根据误差的性质,误差可分为几类？各有何特点？分别可以采取什么措施减小这些误差对测量结果的影响？

（8）将下列数据进行舍入处理,要求保留 3 位有效数字。

86.372 4　3.175　0.000 312 5　58 350　54.79　210 000　19.99　33.650 1

（9）改正下列数据的写法

480 kHz±2.6 kHz；　381.43 V±0.4 V

（10）通用电子测量仪器大致可分为哪几种？

（11）欲测量 250 V 的电压,要求测量的相对误差不大于±0.5%,如果选用量程为 250 V 的电压表,则其准确度为哪一级？若选用 300 V 和 500 V 的电压表,则其准确度又各为哪一级？

（12）若要测量 10 V 左右的电压,手头有两台电压表,其中一只的量程为 100 V、±1.0 级,另一只量程为 15 V、±2.5 级,问选用哪一只电压表更合适？

项目二

了解直流稳压电源

【知识目标】

- 了解直流电源的基本概念和直流稳压电源的类型；
- 掌握直流稳压电源的使用方法。

【技能目标】

- 会使用直流稳压电源检测电子设备是否正常；会使用实训台上的直流电源；
- 能根据直流稳压电源的技术指标，正确使用直流稳压电源。

【安全规范】

- 不要将重物放置在设备之上；
- 避免撞击或粗暴操作对设备造成损害；
- 不要用设备进行静电放电；
- 不要有物体阻碍风扇散热出口；
- 在设备连接到电源时，不要使设备带电工作；
- 在没得到指导教师确认前不可私自拆卸设备。

随着电子与通信技术的发展，各种各样的电子电器已进入千家万户。电视、计算机、电动车、手机、相机、影碟机都必须有电源才能正常工作。而且，几乎所有的电子电器都需要稳定的直流电源，在检定检修指示仪表时，除了要有合适的标准仪器外，还必须要有合适的直流电源及调节装置。当由交流电网供电时，则需要把电网提供的交流电转换为稳定的直流电源。

任务一 认识直流电源

任务分析

任何电子电器均需要直流电源为其提供电能。本任务我们将了解直流稳压电源的基本类型和特点;理解直流稳压电源的组成及工作原理;认识常用的独立的直流稳压电源。

任务实施

一、直流稳压电源的基本类型和特点

直流稳压电源从电路结构、稳压形式和控制模式等方面有各种不同的结构,其品种类型繁多,分类的方法也各不相同。一般可分为表 2-1 所示的几种基本类型。

表 2-1 直流稳压电源的基本类型和特点

电源电路种类		分类方法	电路类型名称	主要特点
直流稳压电源	线性电源	稳压管与负载的连接形式	并联型稳压电源	稳压管与负载并联,一般采用稳压二极管进行稳压
			串联调整型稳压电源	稳压调整管与负载串联,调整管调节输出稳压电压
	非线性电源	储能元件与负载的连接形式	并联型开关稳压电源	储能电感与负载并联
			串联型开关稳压电源	储能电感与负载串联
		振荡方式	自激式开关稳压电源	由开关管与开关变压器组成正反馈环路来完成振荡
			他激式开关稳压电源	由另外振荡器产生振荡脉冲,加在开关管上控制开关管导通和截止,实现稳压
		脉冲控制方式	脉冲调宽式开关稳压电源(PWM)	调节控制脉冲的宽度,调整输出电压高低,实现稳压
			脉冲调频式开关稳压电源	通过调节控制脉冲的频率,从而调整输出电源的高低,实现稳压

二、直流稳压电源的电路组成与工作原理

直流稳压电源的品种繁多,其电路结构也千变万化,但它的基本电路组成则大同小异。下面我们以线性电源电路中的串联调整型稳压电源和开关稳压电源电路中的脉冲调频式开关稳压电源为例,简要说明它们的电路组成和基本工作原理。

1.串联调整型稳压电源

串联调整型稳压电源属于线性稳压电源。它们的基本特点是稳压调整管工作于线性区,依靠调整管的电压降来稳定输出。该类电源的优点是稳定性好、纹波小、可靠性高,缺点是由于变压器工作在工频上(50 Hz),所以体积、质量较大,并且效率较低,一般只有50%左右。

(1)电路的基本组成

串联调整型稳压电源的基本组成框图如图 2-1 所示。

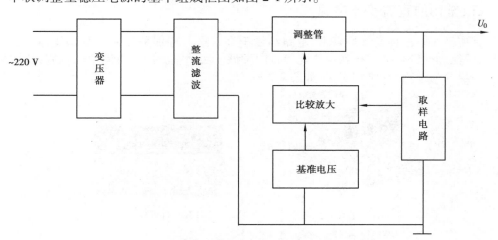

图 2-1 串联调整型稳压电源的基本组成框图

(2)电路的基本工作过程

由图 2-1 可知,220 V 交流电经变压器转变为低压的交流电,再经整流滤波电路转变为直流电。然后由取样电路、基准电压电路、比较放大电路、调整元件处理后,输出稳定的直流电。

2.脉冲调频式开关稳压电源

开关稳压电源属于非线性稳压电源,它的基本特点是稳压调整管工作于非线性区,即工作在开关状态。它的主要优点是:稳压范围宽、效率高(一般可达 80%~90%)、体积小、重量轻等,主要缺点是:电路复杂并且维护调试困难。

(1)电路的基本组成

开关稳压电源的基本组成如图 2-2 所示。

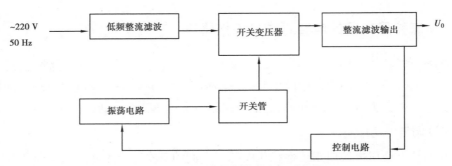

图 2-2　开关稳压电源的基本组成框图

（2）电路的基本工作过程

由图 2-2 可知 220 V、50 Hz 的低频交流电,经低频整流滤波电路变为直流电,再由开关变压器、开关三极管、振动电路等变为几百千赫兹到几十兆赫兹的高频交流电,然后通过整流滤波电路,输出稳定的直流电。

三、常用的直流稳压电源

直流稳压电源种类型号繁多,电路结构千姿百态。特别是开关电源,不断向高频、高可靠、低耗、低噪声、抗干扰和模块化等方向发展。实验室所用的直流稳压电源,从输出形式上一般分为单路、双路和多路,如图 2-3 所示。

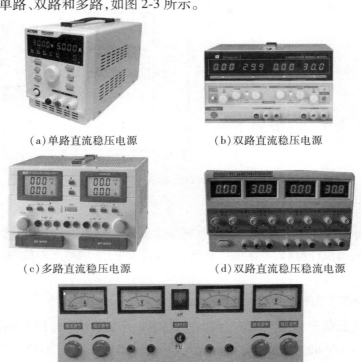

（a）单路直流稳压电源　　　　　（b）双路直流稳压电源

（c）多路直流稳压电源　　　　　（d）双路直流稳压稳流电源

（e）实训台上的直流稳压电源

图 2-3　常用直流稳压电源

做一做

(1)几乎所有的电子电器都需要_____,在检定检修指示仪表时,除了要有合适的标准仪器外,还必须要有合适的_____及_____。

(2)常见的直流稳压电源有_____和_____两种,其中串联可调式稳压电源的工作频率_____,效率_____;开关稳压电源的工作频率_____,效率_____。

(3)任何电子电器均需要直流电源为其提供电能,开关电源不断向_____、_____、_____、_____、_____等方向发展。

任务二　使用直流稳压电源

任务分析

现提供了 UTP3705S 型直流稳压电源一台,万用表一只,请在了解直流稳压电源的基础上,以二人为一组进行实验,完成下列任务:

①认识 UTP3705S 型直流稳压电源面板上的开关、旋钮的功能,熟悉其操作方法。

②用万用表测量 UTP3705S 型直流稳压电源输出电压的范围。

③使用 UTP3705S 型直流稳压电源为负载供电。

任务实施

一、认识 3705S 型直流稳压电源

1.概述

UTP3705S 型直流稳压电源的面板分为电压、电流显示,电压、电流调节及模式设置,输出接线端三部分,如图 2-4 所示。

面板上的功能键和符号所代表的含义见表 2-2。

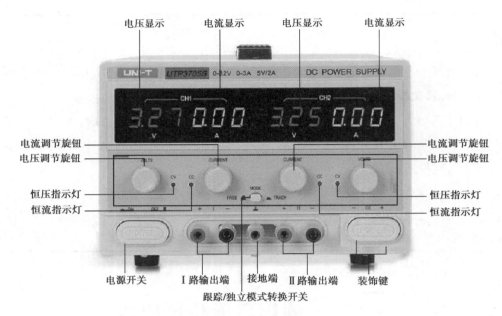

（a）面板正面结构

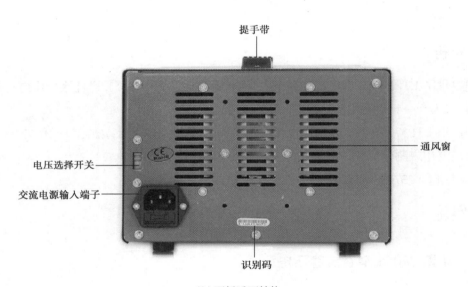

（b）面板反面结构

图 2-4　UTP3705S 型直流稳压电源面板

表 2-2 面板上各功能键及符号的含义

符 号	图 片	含 义
POWER		电源开关
CH1、CH2		两个通道输出电压、电流显示
CURRENT		切换恒流、恒压模式,设置输出电流值
VOLTS		在恒压模式下设置输出电压值
CV		恒压模式指示灯,当 CV 灯亮时表明工作在恒压模式
CC		恒流模式指示灯,当 CC 灯亮时表明工作在恒流模式
MODE		串联跟踪模式和独立非跟踪模式切换键;TRACK 为串联模式,FREE 为独立模式
I		CH1 输出通道,有红"+"、黑"-"两个接线柱
II		CH2 输出通道,有红"+"、黑"-"两个接线柱
⊥		接地端:机壳接地接线柱,配有短接片

2.UTP3705S 型直流稳压电源的主要性能指标

UTP3705S 型直流稳压电源的主要性能指标见表 2-3。

表 2-3　UTP3705S 型直流稳压电源的主要性能指标

名　称	数　据	名　称	数　据
输出电压	2×0~32 V	最大输出功率	260 W
输出电流	2×0~5 A	电源稳定度	电压：$\leqslant 1\times 10^{-4}+0.5$ mV 电流：$\leqslant 2\times 10^{-3}+6$ mA
输入电源电压	AC220 V±10% 50 Hz±2 Hz（输出电流小于 5 A） AC110V±10% 60 Hz±2 Hz（输出电流等于 5 A）	负载稳定度	电压：$\leqslant 1\times 10^{-4}+2$ mV（输出电流 $\leqslant 3$ A） 电压：$\leqslant 1\times 10^{-4}+5$ mV（输出电流 >3 A）

二、使用直流稳压电源

1.输出电压、电流的设置

（1）输出电压的设置

UTP3705S 型直流稳压电源的输出电压调节范围是 0~32 V 连续可调。必须在恒压模式下调节输出电压，即调节恒压恒流模式切换旋钮 CURRENT 使恒压指示灯 CV 亮后才可开始调节。

（2）输出电流的设置

UTP3705S 型直流稳压电源的输出电流调节范围是 0~5 A 连续可调。调节输出电流时要求：一是要使电源工作在恒流模式，二是要将对应通道输出红、黑端子短接，即先调节恒压恒流模式切换旋钮 CURRENT 使电源工作在恒流模式（当 CC 指示灯亮起时），然后短接对应的输出端，最后调节对应通道的电流调节旋钮 CURRENT 完成输出电流的设置。

2.模式的切换

UTP3705S 型直流稳压电源有独立（FREE）和串联跟踪（TRACK）两种工作模式。

（1）独立工作模式（FREE）

特点：CH1 和 CH2 两个通道相互独立，所显示的电压和电流值只受对应通道的电压、电流调节旋钮控制，可输出两组不同的电压。

设置方式：将模式切换按钮 MODE 弹起置于（FREE）。

（2）串联跟踪模式（TRACK）

UTP3705S 型直流稳压电源工作在串联跟踪模式时，有以下一些特点。

①主从关系：当工作在串联跟踪模式下时，将建立以 CH1 通道为主，以 CH2 通道为从的主从关系，即 CH2 通道此时所显示的电压将保持与 CH1 通道的数值一致且不受 CH2 通道电压调节旋钮的控制，两组的电压大小此时都由 CH1 通道的电压调节旋钮控制。

②可输出 CH1 通道 2 倍的电压：当工作在串联跟踪模式下时，使用 CH1 通道的正极接线柱和 CH2 通道的负极接线柱作为电源的输出端时，此时输出电压值为 CH1 通道 2 倍的电压，最高可输出 64 V 电压。

③可输出正负双电源：将接地端作为固定公共端，CH1 通道的正极接线柱与接地端之间输出为正电压，CH2 负极接线柱与接地端之间输出为负电压。

设置方式：将模式切换按钮 MODE 按下置于（TRACK），为确保跟踪模式能正常工作，在模式切换前要用短接片将 CH1 通道负极与 CH2 通道的正极可靠连接。

3.负载的连接

（1）单电源供电的连接

①选择对应的通道。

②将负载的负极与对应输出通道的负极接线柱相连即接黑色接线柱。

③将负载的正极与对应输出通道的正极接线柱相连即接红色接线柱。

（2）双电源供电的连接

①将短接片与 CH1 通道负极和 CH2 通道的正极可靠连接。

②将负载的公共端与电源的接地端可靠连接。

③将负载的正极接到 CH1 通道的正极接线柱即红色接线柱，负载的负极接到 CH2 通道的负极接线柱即黑色接线柱。

4.为负载供电的操作步骤

①观察负载所需工作电压。

②调节直流稳压电源使其输出电路所需电压。

③利用万用表测量电源输出电压。

④连接负载。

任务评价

评价内容	配分/分	得　分	评价内容		配分/分	得　分
能准确说出前后面板的按钮、接线端子、旋钮的功能	15		能按负载要求调节输出电流电压		15	
能按操作规程进行恒流、稳压输出调整	20		能正确设置负载所需电压		20	
能正确连接负载	10		无不安全事故发生		10	
遵守纪律,服从管理,学习态度积极、主动	10	评价结果	总分			
			评价等级			

知识扩展

1.直流稳压电源的基本功能

①输出电压值能够在额定输出电压值以下进行任意设定和正常工作。

②输出电流的稳流值能在额定输出电流值以下进行任意设定和正常工作。

③直流稳压电源的稳压与稳流状态能够自动转换并有相应的状态指示。

④对于输出的电压值和电流值做到精确显示和识别。

⑤对于输出电压值和电流值有精准要求的直流稳压电源,一般要用多圈电位器和电压电流微调电位器,或者直接输入数字。

⑥要有完善的保护电路。直流稳压电源在输出端发生短路及异常工作状态时不应损坏,在异常情况消除后能立即正常工作。

2.直流稳压电源的技术指标

直流稳压电源的技术指标可以分为两大类:一是特性指标,反映直流稳压电源的固有特性,如输入电压、输出电压、输出电流、输出电流的调节范围;另一类是质量指标,反映直流稳压电源的优劣,包括稳定度、等效内阻(输出电阻)、纹波电压及温度系数等。

（1）特性指标

输出电压范围：在符合直流稳压电源工作条件情况下，能够正常工作的输出电压范围。该指标的上限是由最大输入电压和最小输入—输出电压差所规定，而其下限由直流稳压电源内部的基准电压值决定。

最大输入—输出电压差：在保证直流稳压电源正常工作条件下，所允许的最大输入—输出之间的电压差值，其值主要取决于直流稳压电源内部调整晶体管的耐压指标。

最小输入—输出电压差：在保证直流稳压电源正常工作条件下，所需的最小输入—输出之间的电压差值。

输出负载电流范围：又称为输出电流范围，在这一电流范围内，直流稳压电源应能保证符合指标规范所给出的指标。

（2）质量指标

①电压调整率 S_V：是表征直流稳压电源稳压性能优劣的重要指标，又称为稳压系数或稳定系数，它表征当输入电压 V_I 变化时直流稳压电源输出电压 V_o 稳定的程度，通常以单位输出电压下的输入和输出电压的相对变化百分比表示。

②电流调整率 S_I：是反映直流稳压电源负载能力的一项主要指标，又称为电流稳定系数。它表征当输入电压不变时，直流稳压电源对由于负载电流（输出电流）变化而引起输出电压波动的抑制能力，在规定的负载电流变化的条件下，通常以单位输出电压下输出电压变化值的百分比来表示直流稳压电源的电流调整率。

③纹波抑制比 S_R：反映了直流稳压电源对输入端引入的市电电压的抑制能力，当直流稳压电源输入和输出条件保持不变时，纹波抑制比常以输入纹波电压峰—峰值与输出纹波电压峰—峰值之比表示，一般用分贝数表示，但是有时也可以用百分数表示，或直接用两者的比值表示。

④温度稳定性 K：是以在所规定的直流稳压电源工作温度 T_i 最大变化范围内（$T_{min} \leqslant T_i \leqslant T_{max}$）直流稳压电源输出电压相对变化的百分比值。

（3）极限指标

最大输入电压：是保证直流稳压电源安全工作的最大输入电压。

最大输出电流：是保证稳压器安全工作所允许的最大输出电流。

习题二

一、填空题

（1）将电源开关置于"ON"位置，表示＿＿＿＿＿＿，指示灯＿＿＿＿＿。

（2）在 3705S 型直流稳压电源的面板上，标有"CC"的指示灯亮，表示＿＿＿＿＿＿＿＿，标有"CV"指示灯亮，表示＿＿＿＿＿＿＿＿。

（3）直流稳压电源按工作方式分为＿＿＿＿＿、＿＿＿＿＿和＿＿＿＿＿。

（4）稳压电源按稳压电路与负载的连接方式分为＿＿＿＿和＿＿＿＿两种。

（5）稳压电源按调整管的工作状态分为＿＿＿＿和＿＿＿＿两种。

（6）3705S 型直流稳压电源的工作方式有＿＿＿＿和＿＿＿＿两种。

（7）3705S 型直流稳压电源的最高输出电压为＿＿＿＿V，最大输出电流为＿＿＿＿A。

（8）UTP3705S 型稳压电源的电压输出范围是＿＿＿＿。

（9）UTP3705S 型稳压电源的电流输出范围是＿＿＿＿。

（10）当将 MODE 按键置于 TRACK 时，表明此时 CH1 和 CH2 通道工作在＿＿＿＿模式下。

二、判断题（正确的画√，错的画×）

（1）在使用稳压电源时，要先接入负载，再按负载要求调整电压。　　　　（　　）

（2）UTP3705S 型直流稳压电源使用完毕后，可直接切断电源。　　　　（　　）

（3）在串联模式下即可以输出正负双电源，也可以输出 2 倍设置电压。　（　　）

（4）当 CC 灯亮时，表明此时电源工作在恒压模式。　　　　　　　　　（　　）

（5）只有当对应通道的 CV 灯亮时，才可调节该通道的输出电压。　　　（　　）

（6）UTP3705S 型直流稳压电源工作在串联模式下时，CH2 通道的电压调节旋钮将不能使用。　　　　　　　　　　　　　　　　　　　　　　　　　　　（　　）

（7）在 UTP3705S 型直流稳压电源使用过程中，若负载过重或短路，稳压电源将自动从恒压状态转变为恒流状态。　　　　　　　　　　　　　　　　　　　（　　）

（8）要想输出正负双电源必须工作在串联模式且可靠连接好短接片。　　（　　）

（9）在设置输出电流时必须工作在恒流模式且短接输出端才能调节。　　（　　）

（10）当 MODE 按键置于 FREE 时，表明 CH1 和 CH2 通道此时工作在串联模式下。

　　　　　　　　　　　　　　　　　　　　　　　　　　　　　　　　（　　）

三、简答题

（1）请描述测量电源输出电压范围的步骤。

（2）设置输出正负双电源的方法是什么？

（3）请描述设置电路所需电流的正确操作方法。

（4）请说出设置电路所需电压的正确操作方法。

项目三

使用万用表

【知识目标】

- 了解万用表的种类及作用；
- 掌握用万用表测量电阻，电流及电压的方法；
- 理解万用表的测量原理。

【技能目标】

- 会对万用表进行机械调零和电阻调零；
- 能准确选定功能开关和读数；
- 会进行电阻、电流、电压及相关内容的准确测量。

【安全规范】

- 安装电池的极性必须正确，电池容量要符合要求；
- 进行电压电流测量时功能转换开关必须拨到相应位置，表笔极性要正确，严禁在电阻挡测量电流电压，测量电流电压时严禁低挡高测，不能带电换挡；
- 用电阻挡测量大电容时，必须放电后再行测量。

　　万用表是电子测试领域最基本的工具，也是一种使用广泛的测试仪器。万用表又叫多用表、三用表（A、V、Ω 也即电流、电压、电阻三用）、复用表、万能表。万用表分为指针式万用表和数字万用表，现在还多了一种带示波器功能的示波万用表，这是一种多功能、多量程的测量仪表。一般万用表可测量直流电流、直流电压、交流电压、电阻和音频电平等，有的还可以测交流电流、电容量、电感量、温度及半导体的一些参数。万用表由表头、测量电路及转换开关 3 个主要部分组成。现今，数字式万用表成为主流，已经取代模拟式仪表。与模拟式仪表相比，数字式仪表灵敏度高，精确度高，显示清晰，过载能力强，便于携带，使用更简单。

任务一　使用指针式万用表

任务分析

现场提供 MF47 型万用表一台,万用表测量变压器一套,直流电路测量组件一套,如图 3-1 所示。

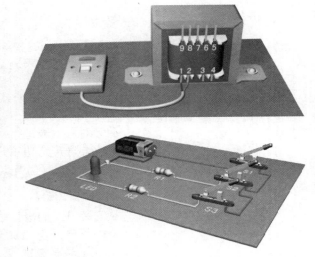

图 3-1　指针式万用表实训材料

在认识指针式万用表的基础上,完成以下内容:
①用万用表测量交、直流电压;
②测量直流电流;
③测量电阻。

任务实施

一、认识指针式万用表

指针万用表的种类多,但它们的基本组成和工作原理基本相同。下面以 MF47 型万用表为例进行介绍。

MF47 指针万用表,外形如图 3-2 所示,是一种高灵敏度、多量程的携带式仪表,该表共有 26 个基本测量量程,可供测量交、直流电压电流,直流电阻,音频电平等。它能估测电容器的性能,判别各种类型的二极管、三极管极性等。

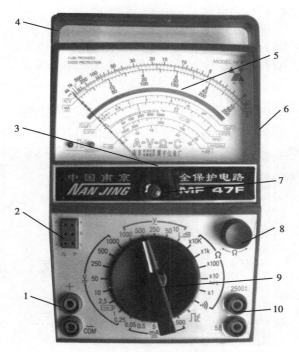

图 3-2 MF47 型万用表外形

1—表笔插孔；2—三极管 h_{PE} 值；3—下方内部即为表头；4—提手；5—表盘；6—外壳；
7—机械调零旋钮；8—电阻挡调零旋钮；9—转换开关；10—专用插座

指针万用表的结构主要由测量机构、测量电路、转换装置等组成。从外观上看，由外壳、表头、表盘、机械调零旋钮、电阻挡调零旋钮、转换开关、专用插座、表笔插孔等组成。

指针万用表的内部结构如图 3-3 所示，由电池、电阻、电容、电感、二极管、三极管等元器件组成测量电路。

图 3-3 MF47 型万用表的内部结构

1.表头

表头决定了万用表的灵敏度,是万用表很重要的部分,由指针、磁路系统和偏转系统组成。表头一般采用内阻较大、灵敏度较高的磁电直流安培表做成。

2.表盘

表盘由多种刻度线和带有说明作用的各种符号组成。使用者必须正确理解各种刻度线的读数方法和各种符号所代表的意义,才能更好地使用万用表,如图 3-4 所示。

图 3-4　MF47 型万用表表盘

1—红外线遥控器数据检测;2—交直流电压电流挡读数区;3—交流 10 V 挡专用;
4—欧姆挡读数线;5—直流电容测量;6—负载电压电流参数测量;7—晶体管直流放大倍数;
8—电感值测量;9—音频电平值测量;10—交直流电压灵敏度

3.转换开关

万用表的型号不同,转换开关的工作方式也不同,目前有功能开关与量程开关合用一只开关型、功能开关与量程开关分离型、功能开关与量程开关交互使用型 3 种。MF47 型属于功能开关-量程开关合用一只开关型,只要把转换开关置于其相应的位置,即可进行测量。

4.表笔插孔

测量时,红表笔应插在"+",黑表笔应插在公共端"-",在使用交直流"2 500 V"和音频电平测试量程时,红表笔应分别插在"+"端。

5.机械调零旋钮和电阻挡调零旋钮

机械调零旋钮作用:静止时调整表头指针的位置。其指针位置应指在刻度线左端"0"位置上,如果不在此位置,可用此旋钮进行调节。

电阻挡调零旋钮作用:当两表笔短接时,表头指针应指在欧姆挡刻度线的右端"0"位置,如果不在,可调整该旋钮使其到位。要注意的是:每转换一次欧姆挡时都应调整该旋钮,以减小测量的误差。

二、指针式万用表工作原理

1.直流电压测量电路

MF47 型万用表使用一只内阻为 2 kΩ、量程为 50 μA 的直流表头。若用它直接测量其测量范围应为 $2×10^3×50×10^{-6}=0.1$，即高于0.1 V的直流电压因流过表头的电流超过 40 μA 而不能测量。欲扩大量程，只要串接适当阻值的电阻即可，如图 3-5 所示。

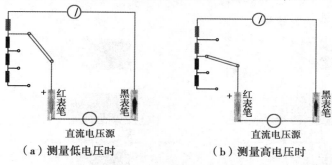

（a）测量低电压时　　　　　　　（b）测量高电压时

图 3-5　直流电压测量原理

2.测量电流

与直流电压测量电路相反，为了扩大表头的电流量程，需并联分流电阻，使实际通过表头的电流为被测电流的一部分，如图 3-6 所示。

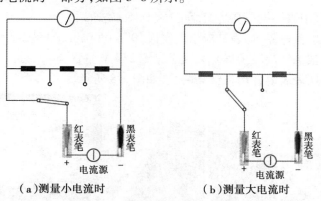

（a）测量小电流时　　　　　　　（b）测量大电流时

图 3-6　直流电流测量

三、指针式万用表的使用方法与技巧

1.基本使用方法

①测试前准备。首先把万用表放置水平状态，并视其表针是否处于零点（指电流、电压刻度的"0"点），若不在，则应调整表头下方的机械零位调整旋钮，使指针指向零点，如图 3-7 所示。

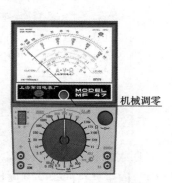

图 3-7　机械调零

②选挡。根据被测量,正确选择万用表上的挡位量程。

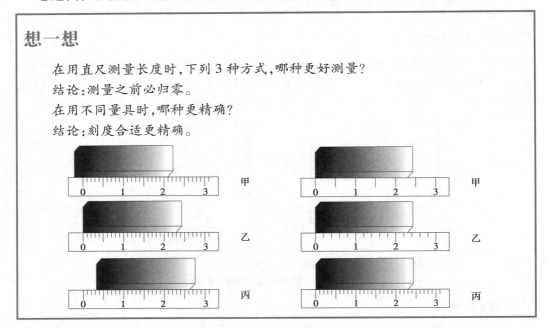

想一想

在用直尺测量长度时,下列 3 种方式,哪种更好测量?

结论:测量之前必归零。

在用不同量具时,哪种更精确?

结论:刻度合适更精确。

2.测量交流电压的方法

使用指针式万用表测量 220 V 交流电压,具体方法如下。

①调零:进行机械调零,即表针应指向左面"0"刻度位置,如图 3-7 所示。

②选挡:根据被测值旋转量程开关置于交流 250 V 量程。

③连接:将万用表表笔并接在被测两端,如图 3-8 所示。

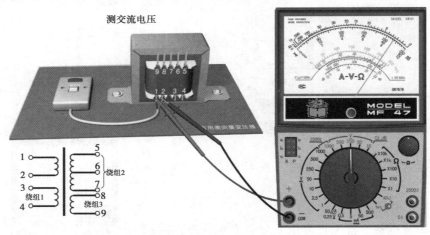

图 3-8　测交流电压

④读数:因所用挡位为 250 V,并且表盘内有 250 刻度线,所以读数范围可直接读 0~250 线,因指针指向 240 刻度位置,则所测电压实际值为240 V。

友情提示

在测量交流电压时,不必考虑极性问题,只要将万用表并接在被测两端即可,其工作原理如图3-9所示。另外,一般也不必选用大量程挡或选高电压灵敏度的万用表。要特别注意安全。

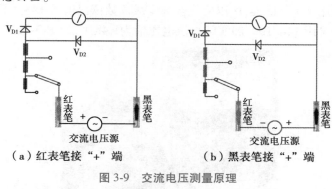

（a）红表笔接"+"端 （b）黑表笔接"+"端

图 3-9 交流电压测量原理

记一记

量程开关选交流,挡位大小符要求,表笔并接路两端,极性不分正与负,测出电压有效值,测量高压要换孔,勿忘换挡先断电。

练一练

测量实训台交流电压输出端输出电压,并作好记录。

万用表测交流电压				
项 目	标称值	挡 位	读 数	测得值
U—V	380 V			
U—W	380 V			
V—W	380 V			
U—N	220 V			
V—N	220 V			
W—N	220 V			
三孔插座零—火	220 V			

3.测量直流电压的方法

使用指针式万用表测量 1.5 V 电池的实际电压值,具体方法如下。

①调零:进行机械调零,即表针应指向左面"0"刻度线位置。

②选挡:将万用表量程开关旋转至直流 2.5 V 挡。

③连接:将万用表的红表笔接到电池正极,黑表笔接到电池负极。

④读数:因使用 2.5 V 量程,所以应该按 250 线读数读出值为 148。又由于 2.5 与 250 相差 100 倍,所以再用 148/100,即实际直流电压值为 1.48 V,如图 3-10 所示。

图 3-10　测直流电压

记一记

挡位量程先选好,表笔并接路两端,红笔要接高电位,黑笔接在低位端,换挡之前请断电。

练一练

万用表测直流电压				
项　目	标称值	挡　位	读　数	测得值
干电池	1.5 V			
层叠电池	9 V			
手机电池	3.7 V			
直流电源 1	12 V			
直流电源 2	24 V			

4.测量直流电流的方法

使用指针式万用表测量某1.5 V电池在 R×1 Ω 挡红黑表笔短路时的电流值,具体方法如下。

①调零:进行机械调零,即表针应指向左面"0"刻度位置。

②选挡:将万用表量程开关旋转至直流 0.5 mA 挡。如果无法估计测量值,则由高挡,选到低挡,用试验性选择法确定挡位。

③连接:自制一个断路片,将电池隔开,并把表笔串入电路当中测得电流值。如果发现反偏,请调换表笔,如图3-11所示。

图 3-11 测量直流电流

④读数:因使用 0.5 mA 挡,所以应该按 50 线读数,读出值为 8。又因为 0.5 与 50 相差 100 倍,所以再用 8/100,即实际直流电压值为0.08 mA。

记一记

量程开关拨电流,表笔串接电路中,正负极性要正确,挡位由大换到小,换好挡后再测量。

5.电阻挡的使用

使用指针式万用表测量 2.2 Ω 的电阻,具体方法如下。

①调零:进行机械调零,即表针应指向左面"0"刻度位置,进行电阻挡调零。

图 3-12 测量直流电阻

②选挡:将万用表量程开关旋转至 R×1 Ω 挡,然后把两支表笔短接,进行电阻挡调零,即使指针偏转到右面"0"刻度线位置。

③连接:将两支表笔任意接到电阻器两端。注意此时应切断所有与电阻连接的电源,保证无高压接入电阻器中。

④读数:因使用 R×1 Ω 挡,读出值为 2.2,即实际直流电压值为 2.2 Ω,如图 3-12 所示。

看一看:表面电阻刻度是否为均匀分布?指针在哪个范围读数更精确?

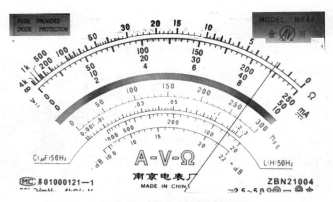

图 3-13　万用表读数面板

记一记

测电阻,先调零,断开电源再测量,手不宜接触电阻,再防并接变精度,读数勿忘乘倍数。

做一做

请同学们根据自己拟订的测量计划进行测量练习,并填写测量记录。

项　　目	根据色环写出阻值	所选挡位	读　数	测得值
R_1				
R_2				
R_3				
R_4				
R_5				

> **友情提示**
>
> 　　电阻刻度线是不均匀的,如0~5,每小格为 (5-0)/10= 0.5;
> 　　　　　　　　　　15~10,每小格为(15-10)/5=1;
> 　　　　　　　　　　30~50,每小格为(50-30)/10=2;
> 　　　　　　　　　　50~100,每小格为(100-50)/10=5;
> 　　所以,指针在靠近刻度1/2处更精确。

四、指针式万用表的使用注意事项

1.了解万用表的性能

首先详细阅读使用说明书,了解每条刻度线所对应的量程,熟悉各转换开关、旋钮、测量插孔、专用插座的作用。

其次指针式万用表在使用时应注意水平放置和竖直放置的区别,不按规定放置,会引起读数误差。

2.测量前的注意事项

①把万用表放置水平状态,视其表针是否处于零点(指电流、电压刻度的零点),若不在,则应调整表头下方的机械零位调整旋钮,使指针指向零点。

②根据被测项,正确选择万用表上的量程。如已知被测量的数量级,就选择与其相对应的数量级量程。如不知被测量值的数量级,则应从最大量程开始测量,当指针偏转角太小而无法精确读数时,再把量程减小。一般以指针偏转角在满度值的2/3左右为合理量程。

3.测量电压应注意的事项

(1)交流电压测量的注意事项

①被测交流电压只能是正弦波,其频率应小于或等于万用表的允许工作频率,否则就会产生较大误差。

②测较高的电压(如220 V)时不要拨动量程选择开关,以免产生电弧,烧坏转换开关的触点。

③测量大于或等于100 V的高电压时,必须注意安全。最好先把一支表笔固定在被测电路的公共地端,然后用另一支表笔去碰触另一端测试点。

(2)直流电压测量的注意事项

把万用表并接在被测电路上,在测量直流电压时,应注意被测点电压的极性,即把红表笔接电压高的一端,黑表笔接电压低的一端。如果不知被测电压的极性,可按前述测电流时的试探方法试一试,如指针向右偏转,则可以进行测量;如指针向左偏转,则应把红、黑表笔调换位置,方可测量。

4.测量电流应注意的事项

把电流表串入电路中测试,即把红表笔接电流流入的一端,黑表笔接电流流出的一端。如果不知被测电流的方向,可以在电路的一端先接好一支表笔,另一支表笔在电路的另一端轻轻地碰一下,如果指针向右摆动,说明接线正确;如果指针向左摆动(低于零点),说明接线不正确,应把万用表的两支表笔位置调换。

5.测量电阻应注意的事项

①测量时应首先调零,即把两支表笔直接相碰(短路),调整表盘下面的欧姆调整器旋钮,使指针正确指在"0"欧姆处。这是因为内接干电池随着使用时间加长,其提供的电源电压会下降,在 $R_x=0$ 时,指针就有可能达不到满偏,此时必须调整电阻挡调零旋钮,使表头的分流电流降低,来达到满偏电流 I_g 的要求。

②为了提高测试的精度和保证被测对象的安全,必须正确选择合适的量程挡。一般测电阻时,要求指针在全刻度的 2/3 范围内,这样测试精度才能满足要求。

③由于量程挡不同,流过每只 R_x 上的测试电流大小也不同。量程越小,测试电流越大,否则相反。所以,如果用万用表的小量程欧姆挡 $R\times1$,$R\times10$ 去测量小电阻 R_x(如毫安表的内阻),则 R_x 上会流过大电流。如果该电流超过了 R_x 所允许通过的电流,R_x 会烧毁,或把毫安表指针打弯。所以在测量不允许通过大电流的电阻时,万用表应设置在大量程的欧姆挡上。同时由于量程越大,内阻所接的干电池电压愈高,所以在测量不能承受高电压的电阻时,万用表不宜设置在大量程的欧姆挡上。如测量二极管或三极管的极间电阻时,就不能把欧姆挡设置在 $R\times10$ k 挡,不然易把管子的极间击穿。只能降低量程挡,让指针指在高阻端。

④万用表作欧姆表使用时,使用时应该注意,对外电路而言,红表笔内接干电池的负极,黑表笔接干电池的正极。

⑤测量较大电阻时,手不可同时接触被测电阻的两端,不然,人体电阻就会与被测电阻并联,使测量结果不正确,测试值会大大减小。另外,要测电路上的电阻时,应将电路的电源切断,不然不但测量结果不准确(相当于再外接一个电压),还会使大电流通过微安表头,把表头烧坏。同时,还应把被测电阻的一端从电路上焊开,再进行测量,不然测得的是电路在该两点的总电阻。

⑥使用完毕不要将量程开关放在欧姆挡上。为了保护微安表头,以免下次开始测量时不慎烧坏表头。测量完成后,应注意把量程开关拨在直流电压或交流电压的最大量程位置。千万不要放在欧姆挡上,以防两支表笔万一短路时,将内部干电池全部耗尽。

6.维护时应注意的事项

万用表在使用完毕后应将万用表的量程开关拨至最高电压挡,以防下次使用时不慎损坏万用表。

万用表应放在干燥、无振动、无强磁场以及适宜的温度和湿度环境下存放。潮湿的环境容易使内部元器件受潮而性能变差;机械振动容易使表头中的磁钢退磁,导致灵敏度降低;在强磁场附近使用会使测量误差增大;环境温度过高或过低,会使整流管的正、反向电阻发生变化,改变整流系数等,引起附加温度误差。

任务评价

内　容	标　准	配分/分	得　分
测量交流电压	测量方法正确 挡位正确 读数正确	10 5 5	
测量直流电压	方法正确 挡位正确 连接正确 读数准确	5 5 5 5	
测量直流电流	方法正确 挡位正确 连接正确 读数准确	5 5 5 5	
测量电阻	方法正确 挡位正确 连接正确 读数准确	5 5 5 5	
安全规范	无不安全事故发生	20	
评价结果	总分	等级	

任务二　使用数字万用表

任务分析

现场提供 DT9205 型数字万用表一台,1.5 V,9 V电池各一节,测量线路板一块,如图3-14 所示。在认识数字式万用表的基础上,完成以下内容:

①用万用表测量交、直流电压;

②测量直流电流;

③测量电阻、电容。

图 3-14 数字万用表实训材料

任务实施

一、认识数字式万用表

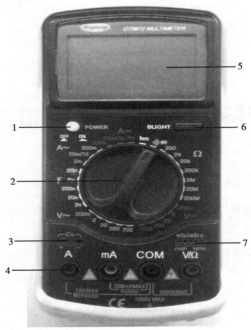

图 3-15 DT9972 型数字万用表

1—电源开关;2—转换开关;3—电容插口;4—表笔插口;5—液晶显示器;6—背光电源开关;7—三极管插口

数字万用表采用了大规模集成电路和液晶数字显示技术,与指针式万用表相比,表的结构和原理都发生了根本的改变,具有体积小、耗电省、功能多、读数清晰准确等优点。

数字万用表主要由液晶显示器、量程转换开关和表笔插孔等组成,下面以 DT9972 型数字万用表为例进行介绍,如图 3-15 所示。该表有 30 个基本挡和 2 个附加挡,其中测量直流电压(简称 DCV)有 5 挡;测量交流电压(简称 ACV)有 5 挡;测量直流电流(简称 DCA)有 4 挡;测量交流电流(简称 ACA)有 3 挡;测量电阻(简称 OHM)有 7 挡;测量电容(简称 CAP)有 5 挡;还有用二极管符号和音乐符号表示的用来检测二极管的好坏和线路的通断的二极管和蜂鸣器共用挡;另外还有 h_{FE} 挡,用来测量三极管的 h_{FE} 值,采用 6 芯插座,分为 NPN 和 PNP 孔。

1.液晶显示器

液晶显示器(LCD)主要显示测量项目、测量数字、计量单位、状态等内容。除数字显示以外,其他内容的显示都是以字母或符号表示,从液晶显示屏上可以直接读出测量结果和单位,避免了读数误差以及测量结果的换算等,如图 3-16 所示。

图 3-16　液晶显示器

图 3-17　量程转换开关

2.量程转换开关

数字万用表量程转换开关在表的中间,如图 3-17 所示。量程开关和功能开关合用一只开关,并且功能多、测量范围广。

注意:测量电压或电流时,在不能确定被测数值范围的情况下,应首选高挡位。

3.表笔插孔

表笔插孔一般有 4 个,如图 3-18 所示。标有"COM"字样的为公共插孔,应插入黑表笔,标有"V/Ω"字样的应插入红表笔,以测量电阻值和交直流电压值。测量交直流电流还有两个插孔,分别为"10 A"和"200 mA",供不同量程挡选用,也应插入红表笔。

图 3-18　表笔插孔

二、数字万用表的使用

1.电阻挡的使用

将红表笔插入"V/Ω"插孔,黑表笔插入"COM"插孔,将功能表开关旋至"Ω"挡相应的量程,如图3-19(a)所示。打开电源,当无输入时,在开路的情况下显示屏显示"1",如图3-16所示。如果被测电阻值超出所选择量程的最大值,显示屏也将显示"1",这时应选择更高的量程。例如实测电阻为1 kΩ,挡位设置为200 Ω的时候测量结果如图3-19(b)所示。若挡位设置过高,则屏幕显示为"0",如图3-19(c)所示为用20 MΩ挡测1 kΩ电阻的显示。对于大于1 MΩ或更高的电阻,要过几秒后读数才能稳定,这是正常现象。在测量高阻值时,应减去误差值,例如在使用200 MΩ挡测量100 MΩ的电阻值时,测量的结果应为显示结果减去表笔短路时显示的数字。

使用数字万用表测量电阻值时,任何挡位都无须调零,读数直观、准确、精确度高。如果测量一只标有1 kΩ电阻,将量程开关旋至2 kΩ挡,打开表的电源开关,这时显示"1",将表笔跨接在电阻的两端,读数最后稳定在1 000 kΩ,这就是测量结果,如图3-19(d)所示。由于电阻值和表的误差,可能导致了测量结果和电阻标注值存有差异。

(a)表笔与插孔对应

(b)量程选择小于被测电阻

(c)量程选择大于被测电阻

(d)量程选择合适直接显示结果

图3-19　电阻测量

想一想

　①两表笔分开时,为什么量程选择在各个挡位都显示"1"?

　②两表笔短接时,为什么量程选择在各个挡位都显示"0"?

2.直流电压挡的使用

　　将红表笔插入"V/Ω"插孔,黑表笔插入"COM"插孔,将功能开关旋至被测直流电压相应的量程,量程的选用与指针万用表相同。当被测电压的极性接反时,数值的结果前面会显示"-",此时不必调换表笔重测,也可直接读出被测数值。如图 3-20 所示为一节 1.5 V电池的实测电压为 1.488 V。

　　如果显示屏只显示"1",表示被测电压超过了该量程的最高值,应选用更高的量程。注意:不要测量1 000 V以上的电压值,否则容易损坏内部电路。

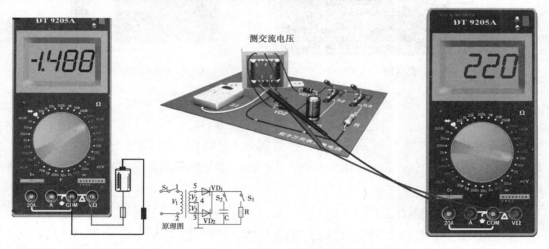

图 3-20 直流电压测量　　　　　　　　图 3-21 测交流电压

3.交流电压挡的使用

　　将红表笔插入"V/Ω"插孔,黑表笔插入"COM"插孔,将功能开关旋至被测直流电压相应的量程,其他方法与测量直流电压基本相同,如图 3-21 所示。注意:不要测量700 V以上的电压值,否则容易损坏内部电路。

4.直流电流挡的使用

　　将黑表笔插入"COM"插孔,当测量电流的最大值不超过 200 mA 时,将红表笔插入"200 mA"插孔,当测量电流的最大值超过200 mA时,将红表笔插入"10 A"插孔。将功能转换开关旋至直流电流相应的量程,再将两表笔串联在被测电路中,便可测量出结果。

5.交流电流挡的使用

　　将功能转换开关旋至直流电流相应的量程,其他方法与直流电流的测量方法相同。

6.电容挡的使用

将功能转换开关置于电容量程,将电容器直接插入电容测量插座"CX"中,如图 3-22(a)所示,便可显示测量结果。注意:稳定读数需要一定的时间。电容测量也可用电阻挡,如图 3-22(b)所示。

(a)直接插入测量电容　　　　　　　　(b)使用电阻挡测量电容

图 3-22　电容测量

7.h_{FE}挡的使用

将功能转换开关置于 h_{FE} 挡,待测三极管插入 NPN(用于测 NPN 三极管的 β 值)或 PNP(用于测 PNP 三极管的 β 值)的插孔中,显示屏上显示的数值即为被测三极管的 β 值。

8.数字万用表的其他技巧

蜂鸣器和二极管挡的使用。将红表笔插入"V/Ω"插孔,黑表笔插入"COM"插孔,将功能开关旋至蜂鸣器和二极管挡,便可进行测量。该挡有以下两项功能。

(1)判断电路的通断。将两表笔跨接在线路的两端,蜂鸣器有声音时,表示线路导通($R \leqslant 90\ \Omega$),如果没有声音表示线路不通。

(2)判断二极管的好坏、极性、正向压降值。将红、黑表笔分别接二极管的两端,如果显示溢出,表示反向。再交换表笔,这时显示的数值为二极管的正向降压值,红表笔所连接的一端为正极,另一端为负极,同时也可以根据正向降压的大小判断二极管的制作材料。一般情况下锗管的正向降压为 0.15~0.3 V,硅管为0.5~0.7 V,如果以上两次测量均为溢出,表明此二极管已损坏。

注意:数字万用表与指针万用表不同的是,数字表的红表笔接内部电源的正极,黑表笔接负极,与指针万用表正好相反,在测量二极管时不要误判。

知识窗

数字万用表或一些数字仪表的位数规定：

数字万用表是按它们可以显示的位数和字分类的，具体规则如下：

①能显示 0 至 9 所有数字的位是整数值。

②分数位的数值以最大显示值中最高位的数字为分子，以满量程时最高位的数字为分母。

如某数字万用表最大显示值为 19 999，这个最高位的是 1，后 4 位是 9 999，约等于 20 000。那么最高位的权重是 10 000/20 000，即 1/2，故称 4 又 1/2 位，其最高位只能显示 0 或 1。

3 又 1/2 位的最高位只能显示 0 或 1，最大显示值为 1 999（即 3 位半的数字表可以达到 1 999 字的分辨率）；

3 又 2/3 位的最高位可显示 0 至 2，最大显示值为 2 999；

3 又 3/4 位的最高位可显示 0 至 3，最大显示值为 3 999。

同理，5 又 1/2 位、6 又 1/2 位等均是如此道理。

很明显，一个 1 999 字的表，在测量大于 200 V 的电压时，不可能显示到 0.1 V。而 2 999 字的数字表在测 200 V 的电压时，仍可显示到 0.1 V。当被测电压高于 300 V，而又要达到 0.1 V 的分辨率时，就要用 3 999 字的数字表。

使用时最好既不要欠量程，也不要过量程，应尽可能减小测量误差。

三、数字万用表使用注意事项

1.要全面了解数字万用表的性能

使用前要认真阅读使用说明书，熟悉电源开关、量程转换开关、各种功能键、专用插座及其他旋钮的作用和使用方法；熟悉万用表的极限参数及各种显示符号所代表的意义，如过载显示、正负极性显示、表内电池低电压显示等；熟悉各种声、光报警信息的意义。

2.测量前应注意的事项

测量前首先明确要测量什么和怎样测量，然后再选择相应的测量项目和合适的量程。尽管数字万用表内部有比较完善的保护电路，仍要避免出现误操作，每一次拿起表笔准备测量时，务必再核对一下测量项目及量程开关是否合适。使用专用插座时要注意选择正确，例如，避免用电流挡去测电压，用电阻挡去测电压或电流，用电容挡去测带电的电容等，以免损坏仪表。

3.测量电压时应注意的事项

测量电压时，数字万用表的两表笔应并接在被测电路的两端，假如无法估计被测电压的大小，应选择最高的量程试测一下，再选择合适的量程。若只显示"-1"，证明已发生过载,应选择较高的量程。

4.测量电流时应注意的事项

要注意将两只表笔串接在被测电路的两端,以免损坏万用表。跟指针式万用表不一样,数字式万用表不必担心表笔是否接反,数字表可以自动转换并显示电流的极性。

5.测量电阻时应注意的事项

在电阻挡时,红表笔接"V/Ω"插孔,带正电,黑表笔接"COM"插孔,带负电。这点与指针式万用表正好相反,因此检测二极管、三极管、电解电容等有极性的元器件时,应注意表笔的极性。

6.维护时应注意的事项

禁止在高温、阳光直射、潮湿、寒冷、灰尘多的地方使用或存放。如果发生故障,应对照电路进行检修,或送有经验的人员维修,不得随意打开万用表拆卸线路。清洗表壳时,用酒精棉球清洗污垢。长期不用应将电池取出,以免电池渗液而腐蚀线路板。

任务评价

内　容	标　准	配分/分	得　分
测量交流电压	测量方法正确 挡位正确 读数正确	10	
测量直流电压	方法正确 挡位正确 连接正确 读数准确	15	
测量直流电流	方法正确 挡位正确 连接正确 读数准确	15	
测量电容	方法正确 挡位正确 连接正确 能判别极性电容的好坏	5 5 5 10	
测量电阻	方法正确 挡位正确 连接正确 读数准确	15	
安全规范	无不安全事故发生	20	
评价结果	总分	等级	

任务三 使用台式万用表

任务分析

现场提供 UT802 型台式数字万用表一台,不同阻值电阻 5 只,1.5 V、9 V 电池各一节,电子实训台一套。在认识台式数字万用表的基础上,完成以下内容:

①用 UT802 型台式数字万用表测量交、直流电压;

②测量直流电流;

③测量电阻、电容;

④测量二极管、三极管;

⑤测量温度和频率。

任务实施

一、认识台式万用表

台式万用表是一种快速,高精度,多功能,精确自动测量电压、电流、电阻、频率、电容等的测试仪器。台式万用表型号较多,但都具有前面版简洁,操作方式简单,使用快捷方便的特点,并广泛用于生产测试,现场维护,定点修理,科研开发和教学等场合。下面以 UT802 台式数字万用表为例完成以上任务。

1.台式万用表的面板结构

UT802 型台式万用表的面板结构包含 LCD 显示屏、电源开关、背光控制开关、数据保持开关、表笔插孔、量程转换开关等,如图 3-23 所示,另外还有测试表笔、鳄鱼夹测试线、K型温度探头、转接插头座、电源适配器。

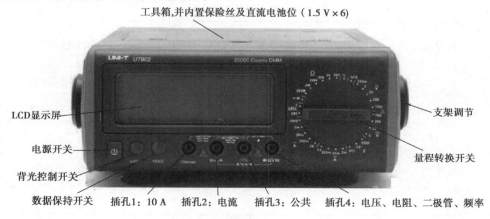

(a)前面板结构

（b）后面板结构

图 3-23 UT802 型台式数字万用表的面板结构

2.UT802 型台式万用表的 LCD 显示器符号（见表 3-1）

表 3-1 LCD 显示器符号

显示屏符号	显示意义	显示屏符号	显示意义
Manu Range	手动量程提示符	AC	交流测量提示符
Warning！	警告提示符	H	保持模式提示符
▭	电池欠压提示符	⊣▷	二极管测量提示符
⚡	高压提示符	•)))	蜂鸣通断测量提示
▬▬▬	显示负的读数	+进数字	测量读数值

3.UT802 型台式数字万用表的测量功能（见表 3-2）

表 3-2 测量功能说明

量程位置	输入插孔 （红←→黑）	功能说明
V---	4←→3	直流电压测量
V~	4←→3	交流电压测量
Ω	4←→3	电阻测量
⊣▷ •)))	4←→3	二极管测量/蜂鸣通断测量
kHz	4←→3	频率测量

量程位置	输入插孔 （红←→黑）	功能说明
A==	2←→3	mA/μA 直流电流测量
	1←→3	A 直流电流测量
A～	2←→3	mA/μA 交流电流测量
	1←→3	A 交流电流测量
F	4←→2 （用转接插头座）	电容测量
℃	4←→2 （用转接插头座）	温度测量
h$_{FE}$	4←→2 （用转接插头座）	三极管放大倍数测量

4.安全注意事项

①使用前检查台式万用表和表笔,谨防有任何损坏或不正常的现象。如果发现异常情况,如表笔线芯裸露、机壳损坏、LCD 显示器无显示等,应禁止使用。严禁使用没有后盖或者后盖没有盖好的仪器,有电击危险。

②表笔如果破损必须更换,并更换同样型号或相同电气规则的表笔。

③当仪器正在进行测量时,不要接触裸露的电线、连接器、没有使用的输入端或者正在测量的电路。

④测量高于直流 60 V 或者交流 30 V 以上的电压时,务必小心谨慎,切记手指不要超过表笔护指位,以防触电。

⑤不能确定被测量值的范围时,必须将量程选择开关置于最大量程位置。

⑥测量时功能开关必须置于正确的量程挡位。在功能量程开关转换之前,必须断开表笔与被测电路的连接,严谨在测量过程中转换挡位,以防损坏仪器。

⑦测量完毕应及时关断电源。长时间不用时,应取出电池。

二、UT802 台式万用表的使用

1.测量电阻

（1）性能指标

电阻挡量程:200、2 k、20 k、200 k、2 M、200 M 共 6 个量程。

（2）测量方法

①准备工作:调整台式万用表支架,使其处于正面水平放置。

②正确连接表笔:红表笔接 V/Ω插孔,黑表笔接 COM 插孔。

③打开电源开关;打开背光控制开关（根据光线需要）。

④选挡和量程:选择合适的 Ω 挡量程(在不知被测量大小,首选高挡位,再依次减挡)。

⑤正确连接被测电阻:两表笔并接在被测电阻两端。

⑥读数:直接从显示屏上读出数值,然后加上单位 Ω。

⑦测量完毕复位:将量程挡位拨到交流电压 750 V 挡处,关掉电源。

2.测量二极管

测量方法:

①准备工作:调整台式万用表支架,使其处于正面水平放置。

②正确连接表笔:红表笔接 V/Ω 插孔,黑表笔接 COM 插孔。

③打开电源开关;打开背光控制开关(根据光线需要)。

④选挡:将挡位开关置于二极管和蜂鸣器共用挡位置上。

⑤正确连接被测二极管:两表笔并接在被测二极管两端。

⑥读数:直接从显示屏上读出数值,然后加上单位 mV。

⑦测量完毕复位:将量程挡位拨到交流电压 750 V 挡处,关掉电源。

3.测量三极管的放大倍数

测量方法:

①准备工作:调整台式万用表支架,使其处于正面水平放置。

②打开电源开关;打开背光控制开关(根据光线需要)。

③正确连接表笔:在 V/Ω 插孔和 mA 插孔之间插入三极管专用测量端子。

④选挡:将挡位开关置于 h_{FE} 挡位置上。

⑤检测管型与放大倍数:将三极管三只引脚分别放入转接头的"N"和"P"接触点并切换方向,观察 LCD 屏显示,有数字显示时三极管为对应管型。

⑥判断极性:将三极管三引脚分别放置于对应管型下方"E、B、C"接触点,当 LCD 屏显示值与放大倍数相同时,各引脚为对应极性正确。

⑦测量完毕复位:将量程挡位拨到交流电压 750 V 挡处,关掉电源。

4.测量交流电压

(1)性能指标

交流电压挡量程:2 V、20 V、200 V、750 V 共 4 个量程。

(2)测量方法

①准备工作:调整台式万用表支架,使其处于正面水平放置。

②正确连接表笔:红表笔接 V/Ω 插孔,黑表笔接 COM 插孔。

③打开电源开关;打开背光控制开关(根据光线需要)

④选挡和量程:选择合适的 AC-V 挡量程(在不知被测量大小,首选高挡位,再依次减挡)。

⑤正确连接被测交流电压:两表笔并接在被测电压两端。

⑥读数:直接从显示屏上读出数值,然后加上单位 V。

⑦测量完毕复位:将量程挡位拨到交流电压 750 V 挡处,关掉电源。

5.测量交流电压

（1）性能指标

直流电压挡量程：200 m、2 V、20 V、200 V、1 000 V 共 5 个量程。

（2）测量方法

①准备工作：调整台式万用表支架，使其处于正面水平位置。

②正确连接表笔：红表笔接 V/Ω 插孔，黑表笔接 COM 插孔。

③打开电源开关；打开背光控制开关（根据光线需要）。

④选挡和量程：选择合适的 DC-V 挡量程（在不知被测量大小，首选高挡位，再依次减挡）。

⑤正确连接被测直流电压：两表笔并接在被测电压两端，可不分正负极，当极性接反时将会在显示屏数字前方显示"−"号进行提示，不会损坏万用表。

⑥读数：直接从显示屏上读出数值，然后加上单位 V。

⑦测量完毕复位：将量程挡位拨到交流电压 750 V 挡处，关掉电源。

6.测量直流电流

（1）性能指标

直流电流挡量程：200 μA、2 mA、20 mA、200 mA、10 A 共 5 个量程。。

（2）测量方法

①准备工作：调整台式数字万用表支架，使其处于正面水平放置。

②正确连接表笔：红表笔接 mA 或 10 A 插孔（根据估计被测量大小来选择），黑表笔接 COM 插孔。

③打开电源开关；打开背光控制开关（根据光线需要）。

④选挡和量程：选择合适的 DC-A 挡量程（在不知被测量大小，首选高挡位，再依次减挡）。

⑤正确连接被测直流电流：两表笔串接在被测电路中，可不分正分极，当极性接反时将会在显示屏数字前方显示"−"号进行提示，不会损坏万用表。

⑥读数：直接从显示屏上读出数值，然后加上单位 mA 或 A（根据所选表笔插孔来定）。

⑦测量完毕复位：将量程挡位拨到交流电压 750 V 挡处，关掉电源。

7.UT802 台式数字万用表的使用注意事项

①测量前必须先将被测电路内所有电源关断，并将所有电容器放尽残余电荷。

②在不清楚阻值的情况下，测量时采取从高挡位到低挡位依次递减原则选择合适挡位进行测量。

③测量 1 MΩ 以上的电阻时，需要几秒钟才会稳定。这对高阻的测量属正常现象。LCD 屏显示"1"，说明量程选择过小。

④测量电阻选量程时，量程应大于被测值；电阻不分正负极，测量时红黑表笔可随意接；二极管有极性，测量时应按红正黑负进行测量；断开电源再测量时，再接触时一定要保持良好；测量要准确，测量完毕后应复位关电源。

⑤根据对象选挡位,根据大小选量程;测量电压时并联,测量电流时串联;交流不分正与负,直流正负不能错;换挡之前先断电,测量安全挂心间。

任务评价

内　容	标　准	配分/分	得分/分
测量交流电压	测量方法正确 挡位正确 读数正确	10 5 5	
测量直流电压	方法正确 挡位正确 连接正确 读数正确	5 5 5 5	
测量直流电流	方法正确 挡位正确 连接正确 读数正确	5 5 5 5	
测量电阻	方法正确 挡位正确 连接正确 读数正确	5 5 5 5	
安全规范	无安全事故发生	20	
评价结果	总分	等级	

习题三

一、填空题

(1)UT802台式数字万用表上的"LIGHT"按钮的作用是_____,"HOLD"按钮的作用是_____。

(2)台式万用表测量前应检查表笔位置是否正确,黑表笔始终接在标有_____的插孔内。

(3)使用台式万用表检测电池时,红表笔接电池_____极,黑表笔接电池_____极。

(4)使用台式万用表检测直流电流时,_____表笔接电流流入端,_____表笔接电流流出端。

(5)台式万用表使用完毕后,转换开关应置于_____挡再关闭电源。

（6）台式万用表测量电压时，应_____联在被测电路中；测量电流时，应_____联在被测电路中。

（7）台式万用表检测家用照明电源时，应选择交流电压的_____量程挡。

（8）h_{FE}挡用于检测_____。

（9）某电路的交流电源输入电流为5A，应选择交流电流的_____量程挡。

（10）使用台式万用表_____挡测量时，表笔不分极性。

二、判断题

（1）台式万用表测电阻前必须欧姆调零。　　　　　　　　　　　　　　（　　）

（2）台式万用表测量未知电流值或电压值时，应先选高挡位进行测量。　（　　）

（3）台式万用表的电阻挡，显示屏显示"1"时，表示量程选择较小。　　（　　）

（4）使用台式万用表电阻挡测量电阻器的阻值时，红黑表笔不用区分接法。（　　）

（5）在测量电阻时，人体最多只能接触电阻器一只引脚。　　　　　　　（　　）

（6）LCD屏显示"▱"，表示台式万用表电量充足。　　　　　　　　　（　　）

（7）在检测过程中，可以随意转换台式万用表的挡位。　　　　　　　　（　　）

（8）LCD屏左上角显示"↯"表示正在使用交流电压750V量程挡。　　（　　）

（9）当仪表正在测量时，不要接触裸露的电线、连接器、没有使用的输入端或者正在测量的电路。　　　　　　　　　　　　　　　　　　　　　　　　　　（　　）

（10）台式万用表长时间不用时，应取下万用表内的电池。　　　　　　（　　）

三、选择题

（1）在使用台式万用表测一个未知直流电压时，应先选（　　）挡再根据测得值大小来切换量程开关。

　　　A.1 000 V　　　　　B.200 V　　　　　C.2 V　　　　　D.200 m

（2）使用台式万用表检测标称阻值为25 kΩ的电阻时，最合适的量程为（　　）。

　　　A.2 M　　　　　　B.200 kΩ　　　　　C.20 k　　　　　D.200

（3）台式万用表测得的交流电压值是指交流电压的（　　）。

　　　A.最大值　　　　　B.平均值　　　　　C.有效值　　　　D.瞬时值

（4）台式万用表转换开关的"kHz"挡位是用来检测（　　）。

　　　A.频率　　　　　　B.周期　　　　　　C.温度　　　　　D.电容量

（5）断路状态下使用台式万用表检测判断元件的好坏，应选用（　　）挡。

　　　A.直流电压　　　　B.交流电压　　　　C.直流电流　　　D.电阻

项目四

使用毫伏表

【知识目标】

- 了解毫伏表的作用、类型；
- 掌握毫伏表的基本工作原理；
- 明确TVT–321型毫伏表和SM1030型全自动数字交流毫伏表的面板功能。

【技能目标】

- 能认识不同类型的毫伏表；
- 明白毫伏表的性能指标；
- 会使用TVT–321型毫伏表和SM1030型全自动数字交流毫伏表。

　　电压测量是电子测量的一个重要内容。在集总参数电路里,表征电信号能量的 3 个基本参量是:电压、电流和功率;其中测量的主要参量是电压。电子设备的许多工作特性均可视为电压的派生量,电压测量是其他许多电参量也包括非电测量的基础,是电子测量的基本任务之一。

　　毫伏表是一种用来测量正弦电压的交流电压表,主要用于测量毫伏级以下的毫伏、微伏交流电压。例如电视机和收音机的天线输入的电压、中放级的电压以及这个等级的其他电压等。毫伏表具有测量交流电压、电平测试和监视输出三大功能。

任务一 认识毫伏表

任务分析

一般万用表的交流电压挡只能测量 1 V 以上的交流电压,而且测量交流电压的频率一般不超过 1 kHz。而在电子实验及仪器设备的检修和调试中,有时候所要测量的电压信号的频率会小到 0.000 01 Hz,幅度小到 1 μV,采用普通万用表很难进行有效测量,必须借助于专用的电子电压表,即毫伏表进行测量。

本任务我们要了解常用毫伏表的类型,认识毫伏表的外形结构,了解毫伏表的工作原理和毫伏表的性能指标。

任务实施

一、毫伏表的种类

目前毫伏表种类较多,常见毫伏表如图 4-1 所示。按毫伏表不同的特性和功能可分为以下基本类型:

（a）指针式直流毫伏表

（b）数显双通道交流毫伏表

（c）Th2270 高频毫伏表

（d）双通道低频毫伏表

（e）DA-16 单路毫伏表

（f）YB2173 双通路毫伏表

（g）CA2172 双通道晶体管毫伏表

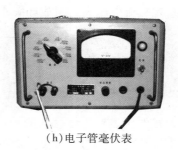

（h）电子管毫伏表

图 4-1　常见毫伏表种类

①按照毫伏表所采用的电路元件各不相同这个标准来划分有：电子管毫伏表、晶体管毫伏表、集成电路元件毫伏表。

②按照毫伏表的测量电压频率高低各不相同这个标准来划分有：直流毫伏表、音频毫伏表（20 Hz~1 MHz）、视频毫伏表（30 Hz~10 MHz）、高频毫伏表（20 Hz~400 MHz）、超高频毫伏表（50 kHz~1 000 MHz）。

③按通路多少来划分有：单路毫伏表和双通道毫伏表。

④按显示方式来划分有：指针式毫伏表（AVM）和数字式毫伏表（DVM）。

二、毫伏表的组成及特点

1.模拟式交流电压表的种类

模拟式交流电压表根据电路组成的方式不同可分为以下 3 种。

（1）放大—检波式交流电压表

检波式交流电压表的组成如图 4-2 所示。

图 4-2　放大—检波式交流电压表的组成框图

优点：信号首先被放大，在检波时，避免了小信号检波时非线性的影响。

缺点：工作的频率范围要受放大器通频带限制。

检波式交流电压表常用作低频毫伏表，工作的上限频率为 MHz 级，通常在测量工作频率为10 MHz以下的电压时采用。

（2）检波—放大式交流电压表

放大式交流电压表的组成如图 4-3 所示。

图 4-3　检波—放大式交流电压表的组成框图

优点：被测信号先检波再进行直流放大，其测量频率范围可不受电压表内部放大电路频率响应的限制，工作频率上限可达 GHz 级，常用作超高频电压表。

缺点：其灵敏度由于谐波失真等原因受到限制，最小量程为 mV 级。

（3）外差式交流电压表

外差式交流电压表的组成如图 4-4 所示。

图 4-4　外差式交流电压表的组成框图

外差式电压表首先将输入的被测信号变换为固定的中频信号，再进行选频放大、检波。由于中频放大器的通带可以做得很窄，从而有可能在高增益的条件下，大大削弱内部噪声的影响。

外差式电压表既有较高的上限工作频率，又有很高的灵敏度。常用作高频微伏表，其上限频率可达几百 MHz，最小量程达 μV 级。

2.数字式毫伏表的种类

数字式毫伏表的种类和型号较多，但其基本电路结构大致相同。数字式毫伏表的电路分为模拟和数字两个部分，其工作原理是：输入信号经过输入通道进入放大器部分，经过放大后，由 AC/DC 转换电路转换为与交流电压有效值相等的直流电压。该直流电压经过 V/F 转换电路输出相应的频率量，然后计数器部分在秒脉冲的控制下进行技术测量，最后显示出读数，从而完成电压的测量。数字电压表的组成如图 4-5 所示。

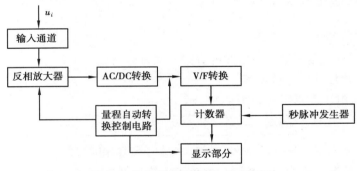

图 4-5　数字式毫伏表的工作原理图

> **做一做**
>
> （1）毫伏表是一种用来测量正弦电压的＿＿＿＿＿＿＿＿，主要用于测量毫伏级以下的毫伏、微伏交流电压。毫伏表具有测量＿＿＿＿＿＿＿＿、＿＿＿＿＿＿＿＿和＿＿＿＿＿＿＿＿三大功能。
>
> （2）按照毫伏表的测量电压频率高低不同，可分为＿＿＿＿＿＿＿＿、＿＿＿＿＿＿＿＿、＿＿＿＿＿＿＿＿和＿＿＿＿＿＿＿＿。
>
> （3）按毫伏表的显示方式不同可分为＿＿＿＿＿＿＿＿和＿＿＿＿＿＿＿＿。
>
> （4）模拟式交流电压表可分为＿＿＿＿＿＿＿＿、＿＿＿＿＿＿＿＿和＿＿＿＿＿＿＿＿ 3 种。

任务二 使用毫伏表

毫伏表的种类、型号较多,但使用方法大同小异,下面我们以 TVT-321 型毫伏表和 SM1030 型全自动数字交流毫伏表为例,介绍指针式毫伏表和数字式毫伏表的使用方法。

通过本任务,我们将在认识毫伏表的基础上,掌握毫伏表的使用方法,并能用毫伏表进行测量。

任务分析

现场提供 TVT-321 单通道交流毫伏表一台、SM1030 型全自动数字交流毫伏表一台、UPC 黑白电视机电路板一套、电视信号发生器一台。两人一组,在教师指导下完成如下工作:

①调节好实训台交流输出 220 V 电源。

②将 2 号、3 号、4 号单元电路板连结好,构成完整的 UPC 电视机。

③打开电视信号发生器。

④用射频线将电视信号发生器输出的信号与高频头连接。

⑤将毫伏表信号线接地端(黑)接在电视机电路板地线上,信号端(红)分别接混频输出端、预中放输出端、预视放输出端、伴音功放输出端。检测出各测试点的交流信号电压值。数据记录见表 4-1。

表 4-1 数据记录表

	混频输出端	预中放输出端	预视放输出端	伴音功放输出端
用 TVT-321 单通道交流毫伏表测量电压值				
用 SM1030 型全自动数字交流毫伏表测量电压值				

任务实施

一、使用毫伏表

1.配件及外形（见图 4-6）

（a）检测笔（探头）　　　　（b）SM1030 型毫伏表　　（c）TVT-321 单通道交流毫伏表

图 4-6　毫伏表的外形及探头

2.毫伏表的主要技术性能

不同的毫伏表其测量范围有所不同,如高频毫伏表和低频毫伏表所测定的信号频率范围就有所差异,但所有毫伏表的基本技术性能项目都大同小异。在使用前应首先了解其性能指标,有利于准确无误地测定相关数据。表 4-2 以常用的低频电子电压表 TVT-321 型晶体管毫伏表和 SM1030 型全自动数字交流毫伏表为例,对其主要性能指标进行了比较。

表 4-2　TVT-321 和 SM1030 参数对比

项　　目	TVT-321 型晶体管毫伏表	SM1030 型全自动数字交流毫伏表
交流电压测量范围 dBV 测量范围 dBm 测量范围	300 μV~100 V −90~+40 dB	70 μV~300 V −80~50 dVB −77~52 dBm
频率响应误差	20 Hz~200 kHz ≤3% 10 Hz~1 MHz≤10%	50 Hz~100 kHz ±1.5%读数±8 个字 20 Hz~500 kHz ±2.5%读数±10 个字 5 Hz~2 MHz ±4.0%读数±20 个字
电压频率测量范围	10 Hz~1 MHz	5 Hz~2 MHz
固有误差	≤3%	无
消耗功率	3 W	<10 W
输入电阻	1 MΩ±5%	10 MΩ
输入电容	≤0.5 pF	30 pF

3.TVT-321 型晶体管毫伏表的面板结构及测量步骤

（1）面板结构

在使用毫伏表之前首先要熟悉其面板结构和各部分作用,如图 4-7 所示是 TVT-321

的面板结构。

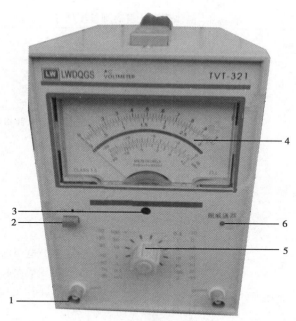

图 4-7 TVT-321 型晶体管毫伏表的面板结构

1—信号输入线接口;2—电源开关;3—机械调零旋钮;4—刻度盘;5—挡位量程开关;6—电源指示

TVT-321 型晶体管毫伏表面板的作用见表 4-3。

表 4-3 TVT-321 型晶体管毫伏表的作用

名　称	功能、作用	名　称	功能、作用
电源开关	按下时接通电源	挡位量程开关	选择适当挡位量程,以确保测量数据的精确。TVT-321 型毫伏表挡位共有 11 个量程,分别为:1 mV,3 mV,10 mV,30 mV,0.1 V,0.3 V,1 V,3 V,10 V,30 V,300 V
电源指示	指示灯亮晶示电源接通		
信号输入线接口	连接信号输入线	刻度盘	指针:指示读数 刻度线:从上至下第一、二条刻度线用于表示所测定的交流电压值;第三条刻度线用来表示测量电平的分贝(dB)值
机械调零旋钮	使指针在左端零刻度位置		

（2）测量步骤

晶体管毫伏表由于种类和型号的不同,其结构和性能指标有所差异。在测量交流电压时,应根据被测信号的频率、电压值等参数的不同,应选用不同型号的毫伏表,以达到准确测量的目的。指针式晶体管毫伏表虽说品种型号繁多,但其测量步骤基本相同。其基本操作步骤如下：

表 4-4　晶体管毫伏表码测量步骤

基本操作步骤	图　示	操作要求
①机械调零		保证指针指示零刻度线
②打开电源开关指示灯亮		打开电源前,应使挡位量程开关置于最大量程
③校正调零		将信号输入线的信号端和接地端短接,使针指到零位
④调整挡位量程旋钮		选择适当的测量量程
⑤将信号输入线的信号端接到电路的被测点上,而信号输入线的接地端接到电路的地线上		先接地线,再接探头
⑥读数		标有 0~1 数值的第一条刻线适用于 1、10、100 挡量程; 标有 0~3 数值的第二条刻度线适用于 3、30、300 挡位量程

想一想

晶体管毫伏表在小量程挡,输入端开路时,指针偏转很大,甚至出现"打针"的现象,为什么?

友情提示

(1)读数时应与挡位量程结合使用。标有0~10数值的第一条刻度线,适用于1、10、100挡位量程;标有0~3数值的第二条刻度线,适用于3、30、300挡位量程。

(2)满度时等于所选量程挡位的值。例如:所选量程挡位为30 mV,满度时所测试电压值为30 mV。

(3)第三条刻度线是用来测量电平分贝(dB)值。所测量值是以指针读数与量程挡位值的代数和来表示,即测量值=量程+指针读数。例如:挡位量程选10 dB,测量时指针在-4 dB位置,则:测量值=10 dB+(-4 dB)=6 dB

4.SM1030型全自动数字交流毫伏表的面板结构及测量步骤

(1)前面板总揽(见图4-8)

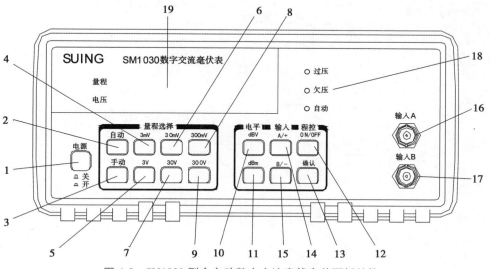

图4-8 SM1030型全自动数字交流毫伏表前面板结构

SM1030数字交流毫伏表的按键和插座功能见表4-5。

表 4-5　SM1030 数字交流毫伏表的按键和插座功能

序　号	功　能	图　标	说　明
1	"电源"开关	电源 关 开	开机时显示厂标和型号后,进入初始状态:输入 A,手动改变量程,量程 300 V,显示电压和 dBV 值
2	"自动"键	自动	切换到自动选择量程。在自动位置,输入信号小于当前量程的 1/10,自动减小量程;输入信号大于当前量程的 4/3 倍,自动加大量程
3	"手动"键	手动	无论当前状态如何,按下手动键后都切换到手动选择量程,并恢复到初始状态。在手动位置,应根据"过压"和"欠压"指示灯的提示,改变量程:过压指示灯亮,增大量程;欠压指示灯亮,减小量程
4 5 6 7 8 9	"3 mV"键~ "300 V"键	量程选择 3 mV　30 mV　300 mV 3 V　30 V　300 V	量程切换键,用于手动选择量程
10	"dBV"键	dBV	切换到显示 dBV 值
11	"dBm"键	dBm	切换到显示 dBm 值
12	"ON/OFF"键	ON/OFF	进入程控/退出程控

序 号	功 能	图 标	说 明
13	"确认"键	确认	确认地址
14	"A/+"键	A/+	切换到输入 A,显示屏和指示灯都显示输入 A 的信息。量程选择键和电平选择键对输入 A 起作用。设定程控地址时,起地址加作用
15	"B/-"键	B/-	切换到输入 B,显示屏和指示灯都显示输入 B 的信息。量程选择键和电平选择键对输入 B 起作用。设定程控地址时,起地址减作用
16	输入 A	输入A	A 输入端
17	输入 B	输入B	B 输入端
18	指示灯	过压　欠压　自动	自动:用自动键切换到自动选择量程时,该指示灯亮。 过压:输入电压超过当前量程的 4/3,过压指示灯亮。 欠压:输入电压小于当前量程的 1/10,欠压指示灯亮
19	液晶显示屏	G SM1030 双输入数字交流毫伏表 量程 B:3U 3.4dBU 电压 1.481V	开机时显示厂标和型号。 工作时显示工作状态和测量结果

（2）后面板总揽（见图 4-9）

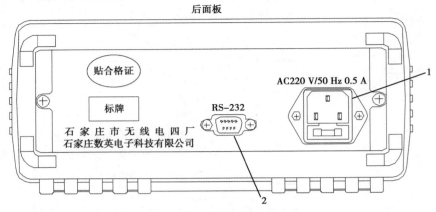

图 4-9　SM1030 型全自动数字交流毫伏表后面板结构

1—带保险丝和备用保险丝的电源插座；2—程控接口

（3）测量步骤

数字式毫伏表具有精确度高，性能稳定，显示清晰直观，使用方便、安全，输入、输出都悬浮等优点，可广泛应用于学校、工厂、部队、实验室、科研单位。尽管数字式毫伏表的型号各异，规格不一，但测量步骤基本相同，其测量步骤如图 4-10 所示。

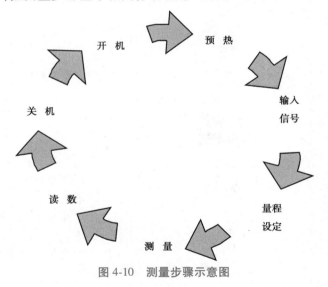

图 4-10　测量步骤示意图

友情提示

（1）开机：按下面板上的电源按钮，电源接通。仪器进入初始状态。

（2）预热：30 min。

（3）输入信号：SM1030 有两个输入端，由输入端 A 或输入端 B 输入被测信号，也可由输入端 A 和输入端 B 同时输入两个被测信号。两输入端的量程选择方法、量程大小和电平单位都可以分别设置，互不影响；但两输入端的工作状态和测量结果不能同时显示。可用输入选择键切换到需要设置和显示的输入端。

（4）量程设定：可从初始状态（手动，量程 300 V）输入被测信号，然后一定要根据"过压"和"欠压"指示灯的提示手动改变量程。过压灯亮，说明信号电压太大，应加大量程；欠压指示灯亮，说明输入电压太小，应减小量程。

可以选择自动量程。在自动位置，仪器可根据信号的大小自动选择合适的量程。若过压指示灯亮，显示屏显示"＊＊＊＊＊mV/V"，说明信号已到 400 V，超出了本仪器的测量范围。若欠压指示灯亮，显示屏显示"0"，说明信号太小，也超出了本仪器的测量范围。

（5）关机后再开机，间隔时间应大于 10 s。

二、毫伏表的应用

1.测量电视信号发生器的输出信号电压

①调节好实训台交流输出 220 V 电源，并接通毫伏表，开启电源，预热。

②将 2 号、3 号、4 号单元电路板连结好，构成完整的 UPC 电视机，如图 4-11 所示。

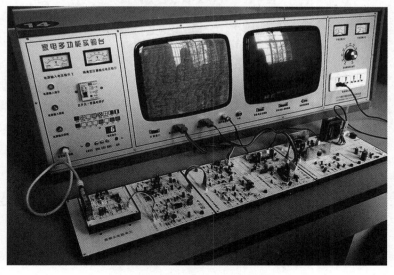

图 4-11　UPC 电视实训机组合图

③打开电视信号发生器，测量电视信号电压，如图 4-12 所示。在使用指针式毫伏表时，将挡位量程开关置于 300 V 挡，先将接地的夹子夹住闭路线的屏蔽层线，再将检测笔（探头）接到被测物（闭路线）的信号线上，调节挡位量程开关，使指针接近满刻度偏转 2/3 左右的位置，再以对应挡位乘倍率读数。在使用数字式毫伏表测量时，先选择输入端口，再确定手动还是自动，若以手动方式进行量程选择，应根据"过压"和"欠压"指示灯的提示，改变量程。测量结果如图 4-13 和图 4-14 所示。

图 4-12　电视信号电压测图

图 4-13　模拟毫伏表检测结果

图 4-14　数字毫伏表检测结果

想一想

（1）晶体管毫伏表在小量程挡输入端开路时，指针偏转很大，甚至出现"打针"现象，为什么？

（2）为什么要先将接地的夹子夹住闭路线的屏蔽层线，再将检测笔（探头）接到被测物（闭路线）的信号线上？

（3）明知电视信号发生器输出的信号电压不会达到300 V，为什么要将挡位量程开关先置于300 V挡？

2.测量电视机混频输出端、预中放输出端、预视放输出端、伴音功放输出端的电压

①用射频线将电视信号发生器输出的信号与高频头连接。

②将毫伏表表笔地端（黑）接在电视机电路板地线上，信号端（红）分别接电视机混频输出端、预中放输出端、预视放输出端、伴音功放输出端，检测出各测试点的交流信号电压值，如图4-15所示。

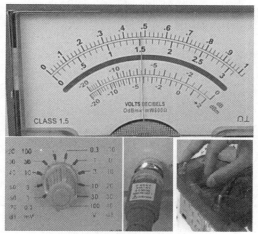

(a)高频头混频输出端电压测量图

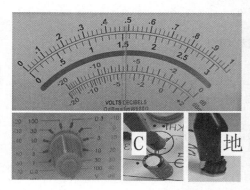
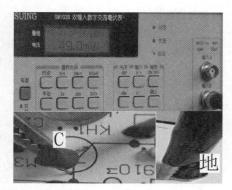

(b)高频头预中放输出端电压测量图

(c)预视放输出电压测量图　　　　　(d)伴音输出端电压测量图

图 4-15　电压测量实例

做一做

用 TVT-321 单通道交流毫伏表和 SM1030 型全自动数字交流毫伏表测量电视机混频输出端、预中放输出端、预视放输出端、伴音功放输出端电压,并将所测数据填在下表中。

毫伏表　　　　　　　输出端	混频输出端	预中放输出端	预视放输出端	伴音功放输出端
用 TVT-321 单通道交流毫伏表测量电压值				
用 SM1030 型全自动数字交流毫伏表测量电压值				

任务评价

对毫伏表的使用情况,根据下表中的要求进行评价。

序号	项目	配分/分	评价要点	自评	互评	教师评价	平均分
1	测量电视信号发生器的输出电压	25	①操作过程 20 分;②结果 5 分				
2	检测预中放、预视放、伴音输出电压	75	①操作过程 50 分;②结果 25 分				
	材料、工具、仪表		①每损坏或者丢失一样扣 10 分;②材料、工具、仪表没有放整齐扣 10 分				
	环境保护意识		每乱丢一项废品扣 10 分				
	节能意识		用完扫频仪未断电扣 10 分				
	安全文明操作		违反安全文明操作(视其情况进行扣分)				
	额定时间		每超过 10 分钟扣 5 分				
开始时间		结束时间		实际时间		成绩	
综合评议意见(教师)							
评议教师				日期			
自评学生				互评学生			

习题四

一、填空

(1)毫伏表是一种用来测量＿＿＿＿＿＿＿的交流电压表。主要用于测量毫伏级以下的＿＿＿＿＿＿＿、＿＿＿＿＿＿＿交流电压。

(2)按照毫伏表所采用的电路元件各不相同,可分为＿＿＿＿＿＿＿＿＿＿＿、＿＿＿＿＿＿＿、＿＿＿＿＿＿＿。

(3)按照毫伏表的测量电压频率高低不相同,可分为＿＿＿＿＿＿＿＿＿＿＿、＿＿＿＿＿＿＿、＿＿＿＿＿＿＿、＿＿＿＿＿＿＿。

(4)按显示方式不同可分为＿＿＿＿＿＿＿和＿＿＿＿＿＿＿。

(5)用毫伏表进行测量,其基本操作步骤可归纳为:①＿＿＿＿＿＿＿;②＿＿＿＿＿＿＿;③＿＿＿＿＿＿＿;④＿＿＿＿＿＿＿;⑤＿＿＿＿＿＿＿;⑥＿＿＿＿＿＿＿。

(6)用指针式毫伏表测量,读数时:标有 0～1 数值的第一条刻线适用于＿＿＿＿＿＿＿、＿＿＿＿＿＿＿、＿＿＿＿＿＿＿挡位量程;标有 0～3 数值的第二条刻度线,适用于＿＿＿＿＿＿＿、＿＿＿＿＿＿＿、＿＿＿＿＿＿＿挡位量程。

(7)用毫伏表测量电平分贝值时,如果挡位量程选 10 dB,测量指针在−2 dB位置,则测量值＝＿＿＿＿＿＿＿。

(8)在不知测量电压的大小时,应先＿＿＿＿＿＿＿,然后＿＿＿＿＿＿＿。

(9)测量完毕,应先拆＿＿＿＿＿＿＿端,再拆＿＿＿＿＿＿＿。

(10)测量结束,应将输入线的信号端与接地端进行＿＿＿＿＿＿＿或将量程开关拨到＿＿＿＿＿＿＿。

(11)在数字式毫伏表中,显示屏显示"∗∗∗∗mV/V",表示＿＿＿＿＿＿＿;显示值变为"∗∗∗∗dBV/dBm"时,表示＿＿＿＿＿＿＿。

二、判断题

(1)利用毫伏表测量,不管测试信号的频率在什么范围,其固有误差相同。　　　(　　)

(2)利用毫伏表测 300 μV～100 V 的交流电,其频率响应误差相同。　　　(　　)

(3)要对毫伏表进行机械调零,只能在接通电源后才可以进行。　　　(　　)

(4)当输入端开路时,若指针式毫伏表偏转,说明毫伏表已坏。　　　(　　)

(5)只要是在毫伏表的测量范围内,不论是正弦量还是非正弦量,都可以用毫伏表进行测量。　　　(　　)

(6)对数字式毫伏表,按下面板上的电源按钮,电源接通,仪器即进入测量状态。　　　(　　)

(7)SM1030 型毫伏表比较先进,关机后再开机,无须时间间隔。　　　(　　)

（8）SM1030 型毫伏表，如果输入两个被测信号，两输入端的是量程选择方法、量程大小和电平单位，只能进行相同的设置，并可同时显示。　　　　　　　　　　　　（　　）

（9）用 SM1030 型毫伏表测量时，若过压指示灯亮，说明信号已超过本仪器的测量范围。　　　　　　　　　　　　　　　　　　　　　　　　　　　　　　　　（　　）

（10）用 SM1030 型毫伏表测量时，若欠压指示灯亮，显示屏显示"0"，说明电源电压偏低，仪器未工作，但待测信号电压并未超过本仪器的测量范围。　　　　　　　（　　）

项目五

使用示波器

【知识目标】

- 了解模拟示波器的作用、特点和分类；
- 理解模拟示波器的基本组成和工作原理；
- 掌握模拟示波器常用按键的功能、使用方法和日常维护；
- 掌握直流稳压电源的使用方法；
- 了解数字示波器的结构，了解数字示波器的特点和优点；
- 理解数字示波器的基本组成部分；
- 掌握万用表的使用方法和选用原则；
- 掌握电子测量的内容、方法和电子测量仪器的日常维护。

【技能目标】

- 会使用模拟示波器观察直流电压、交流电压和其他信号的波形；
- 会使用数字示波器观察信号波形，以及会读出信号波形的参数。

示波器是一种用途十分广泛的电子测量仪器。它能把肉眼看不见的电信号变成看得见的图像,便于人们研究各种电现象的变化过程。

任务一　使用模拟示波器观察电信号

任务分析

　　现场提供了 YB4320 型示波器 1 台、9 V 电池 1 块、信号发生器 1 台、黑白电视机机板 1 块、试电笔 1 支、螺丝刀 1 把,如图 5-1 所示。请在认识模拟示波器 YB4320 的基础上,完成下面各项内容:

　　①用 YB4320 示波器检测 9 V 电池电压;

　　②用 YB4320 示波器检测正弦波信号发生器的输出端信号;

　　③用 YB4320 示波器检测黑白电视机视放管基极电压。

　　两人为一组,分别检测出两组波形,填写在表 5-1 中,然后分析波形数据。完成这一任务大概需要90 min。

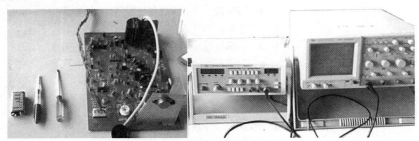

图 5-1　提供的器材和仪表

表 5-1　示波器检测情况记录

	9 V 电池电压	信号发生器的输出端信号	电视机视放管基极电压
参数记录			

任务实施

一、认识示波器

在实际的测量中,大多数被测量的电信号都是随时间变化的函数,可以用时间的函数来描述。而示波器就是一种能把随时间变化、抽象的电信号用图像来显示的综合性电信号测量仪器,其核心器件为示波管、示波管由电子枪、偏转系统、显示屏组成。主要测量内容包括:电信号的电压幅度、频率、周期、相位等电量;与传感器配合还能完成对温度、速度、压力、振动等非电量的检测。所以,示波器已成为一种直观、通用、精密的测量工具,广泛地应用于科学研究、工程实验、电工电子、仪器仪表等领域,对电量及非电量进行测试、分析、监视。

示波器按用途可分为:简易示波器、双踪(多踪)示波器、取样示波器、存储示波器、专用示波器等。

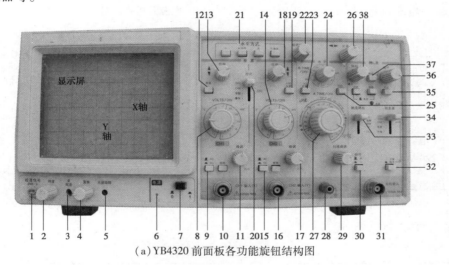

(a)YB4320前面板各功能旋钮结构图

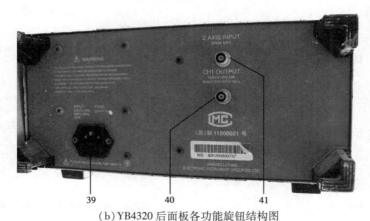

(b)YB4320后面板各功能旋钮结构图

图5-2 YB4320模拟示波器

示波器按对信号的处理方式分为:模拟示波器、数字示波器。

模拟示波器的种类较多,但它们的组成和工作原理是基本相同的。下面以 YB4320 型示波器为例进行介绍,该机操作方便、性价比较高,在社会上有较大的拥有量。如图 5-2 所示为 YB4320 的实物图。

模拟示波器面板主要由 6 部分组成,他们分别是电源控制部分、电子束控制部分、垂直(信号幅度)控制部分、水平(时基)控制部分、触发控制部分和其他部分。下面分别介绍各功能旋钮名称和功能。

1.电源控制部分(见表 5-2)

表 5-2　电源控制部分

序　号	名　　称	图　形	功　　能
6	电源 LED	电源	电源开机指示灯
7	电源开关（POWER）	0　1	当按下此键时,电源开,且 LED 发光
39	电源输入（AC 220 V 50 Hz IN）	INPUT FUSE	电源输入接口,接电源线

2.电子束控制部分(见表 5-3)

表 5-3　电子束控制部分

序　号	名　　称	图　形	功　　能
2	辉度（INTEN）	辉度	调节电子束的强度,控制波形的亮度。顺时针调节时亮度增大
3	B 辉度	B 辉度	顺时针方向旋转此钮,增加延迟扫描 B 的亮度
4	聚集（FOUCS）	聚焦	调节波形线条的粗细,使波形最细,最清晰

续表

序 号	名 称	图 形	功 能
5	光迹旋转 （TRACE ROTATION）	光迹旋转	调整水平基线倾斜度,使之与水平刻度重合

3.垂直(信号幅度)控制部分(见表5-4)

表5-4 垂直(信号幅度)控制部分

序 号	名 称	图 形	功 能
20	垂直工作模式 选择（MODE）		CH1、CH2:此时单独显示 CH1 或 CH2 的信号; 双踪（DUAL）:两个信道同时显示; 相加（ADD）:两个信道的信号做代数和,配合 19 反相可以做代数减
10、16	CH1、CH2 输入	CH1 输入（X） 400Vpk MAX	信号输入,接探头
9、15	输入信号 耦合方式选择	AC DC 接地	AC:只输入交流信号; DC:交直流信号一起输入; GND:接地,将输入端短路,适用于基线的校准
8、14	垂直衰减调节 （VOLTS/DIV）	VOLTS/DIV	信号电压幅度调节,以便使波形在垂直方向得到合适的显示,从 5 mV/DIV～5 V/DIV 分 10 挡,分别控制 CH1 和 CH2 通道
11、17	垂直微调 （CAL）	校准	垂直电压微调、校准,校准时,应顺时针旋到底
13、18	垂直位移 （POSITION）	位移	调节基线垂直方向上的位置

续表

序　号	名　称	图　形	功　能
12	交替/断续（ALT/CHOP）	断续	在双踪显示时,当被测信号频率较低时,将此键压下(断续方式),可避免波形的闪烁
19	CH2 反相	CH2反相	按下此键,CH2 信道的信号将被反相,配合20 中的 ADD 可实现两个信号相减

4.水平(时基)控制部分(见表 5-5)

表 5-5　水平(时基)控制部分

序　号	名　称	图　形	功　能
27	水平扫描时间系数调节（TIME/DIV）	A TIME/DIV	调节水平方向上每格所代表的时间,在 $0.1\ \mu S/DIV \sim 0.5\ S/DIV$ 范围内调节,共20 挡
29	扫描时间校准（SWP VAR）	扫描微调	水平扫描时间微调、校准。校准时,应顺时针旋到底
21	水平工作方式选择	水平方式　A　A加亮　B　B触发	A:此键用于一般波形的观察;A 加亮:与 A 扫描相对应的 B 扫描区段以高亮度显示;B:单独显示扫描 B;B 触发:选择连续延迟扫描和触发延迟扫描
22	延迟时间调节旋钮	延迟时间	调节延迟扫描对应于主扫描起始延迟多少时间启动延迟扫描,调节该旋钮,可使延迟扫描在主扫描全程任何时段启动

续表

序　号	名　称	图　形	功　能
23	×5 扩展	×5 扩展	按下此键,扫描速度提高 5 倍,此时每格的扫描时间是 TIME/DIV 开关指示数值的 1/5
24	B TIME/DIV	水平 B TIME/DIV ×5 扩展	扫描 B 时间调节
25	X－Y	X－Y	按下此键,CH1 的输入信号取代本机所产生的水平扫描信号。常用于两个信号的频率、相位比较
26	水平位移（POSITION）	位移	调节波形在水平方向的位置

5.触发控制部分(见表 5-6)

表 5-6　触发控制部分

序　号	名　称	图　形	功　能
30	极性（+－）SLOPE	极性 + －	触发信号的极性控制,按下为负极性触发
31	外接输入 EXT	外接输入	当触发源处于置于外接时,由此输入触发信号

续表

序 号	名 称	图 形	功 能
32	交替触发 TRIG.ALT	交替触发	按下此键,触发信号分别取自于两个通道。主要用于双踪显示但两个信号不相关时的同步触发
33	触发耦合	触发耦合 C 高频抑制 TV DC	AC 电容耦合:它只允许用触发信号的交流分量触发。 高频抑制:按下此键触发信号中的高频成分被抑制,仅由低频分量触发。 TV:用于电视维修时的同步触发。 DC 直流耦合:不隔断触发信号的直流分量,适用于低频信号的测量
34	触发源选择 SOURCE	触发源 CH1 CH2 电源 外接	CH1,CH2:此时触发信号分别来自 CH1 和 CH2 信号。 电源(LINE):使用电源频率信号为触发信号。 外接(EXT):此时需要外部输入触发信号
35	触发方式选择 MODE	自动 常态 复位 单次	自动(AUTO):扫描电路自动进行扫描,无输入信号时,屏幕上仍可显示时间基线,适用于初学者使用。但长时间不用时,为保护荧光屏,应调小亮度。 常态(NORM):有触发信号才能扫描。即是说,当没有输入信号时,屏幕无亮线。 单次 SINGLE:当"自动""常态"两键同时弹出时,即为单次触发
36	触发电平调节	电平	调节触发信号的强度,也称为同步调节,使波形稳定

6.其他(见表 5-7)

表 5-7　其他

序　号	名　称	图　形	功　能
1	校准信号	校准信号 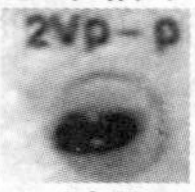 2Vp-p 1 kHz	此处是由示波器本身所产生的一个幅度为 $2V_{P-P}$、频率为 1 kHz 的方波信号,以供示波器的探头补偿校准
28	示波器接地	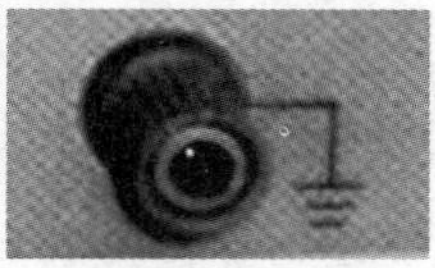	接地
40	CH1 OUTPUT	 CH1 OUTPUT 100n 50mV/DIV INTO 50Ω	信道 1 信号输出,适合外接频率计或其他设备
41	Z INPUT	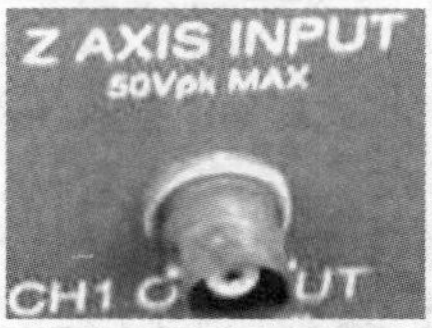 Z AXIS INPUT 50Vpk MAX CH1 OUTPUT	Z 轴信号输入端

二、使用模拟示波器

我们将从扫描基线的获得、校准和测量电信号这 3 个方面介绍模拟示波器的使用。

1.获得扫描基线(以 CH1 通道为例)

在观看电信号之前,先要获得扫描基线,通过完成下面步骤可以获得。

①开机:按下电源开关,如图 5-3 所示,模拟示波器开机,指示灯亮。

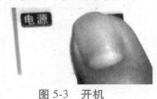

图 5-3　开机

图 5-4　设置通道的工作和输入耦合方式

②设置通道的工作和输入耦合方式：将垂直通道的工作方式设为"CH1"，且将"CH1"的输入耦合方式设为"接地"（GND），如图 5-4 所示。

③调节辉度：顺时针调节辉度旋钮，直到看见有亮光为此，如图 5-5 所示。

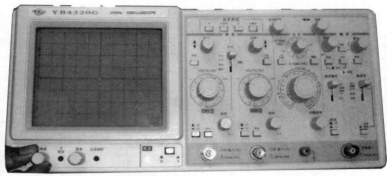

图 5-5　辉度调节

④选择触发方式：将触发方式设为"自动"，此时应该出现扫描基线，如图 5-6 所示。若此时还未出现基线，可以尝试下一步操作。

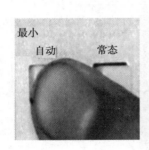
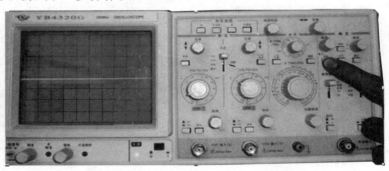

图 5-6　选择触发方式

⑤调节垂直位移：找出扫描基线且调节旋钮使基线与水平轴重合，如图 5-7 所示。

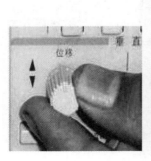
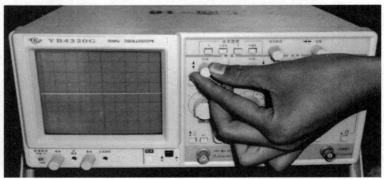

图 5-7　调节垂直位移

友情提示

调节光迹旋转

按照正常的调节就能得到图 5-7 所示的波形,如果基线与 X 轴只能相交不能重合就调节光迹旋转。旋转光迹使基线与水平轴重合的操作如图 5-8 所示。

图 5-8　调光迹旋转

⑥调节聚焦:旋转聚焦使水平基线最清晰(最细小),如图 5-9 所示。

图 5-9　调聚焦

经过以上操作就能在屏幕上得到一条最清晰的水平扫描基线,示波器使用的第一步完成。

2.校准

为了真实地反应被测信号的波形,应该在测量前进行校准,方法如下:

①探头的一端接示波器:将探头插入端口且顺时针旋转,方能正确连接,如图5-10 所示。

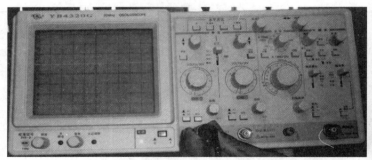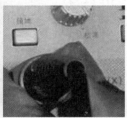

图 5-10　探头接入示波器

图 5-11　接校准信号

②接校准信号:将探头的另一端接在示波器的校准信号输出端,如图 5-11 所示。

③调节"电压/格"和"时间/格":将"电压/格"和"时间/格"分别调置图 5-12(a)、(b)所示位置,然后分别关闭 CH1 的电压微调和时间微调(将微调旋钮顺时针调到底),如图 5-12(c)、(d)所示。

（a）调"电压/格"　　　　　　　　　（b）调"时间/格"

（c）关闭电压微调　　　　　　　　　（d）关闭扫描微调

图 5-12　调节"电压/格"和"时间/格"

④调探头的补偿:用螺丝刀调节探头上的补偿调节插槽,使其补偿适中,如图 5-13 所示。最后得到的校准信号波形,如图 5-14 所示。

(a)补偿调节

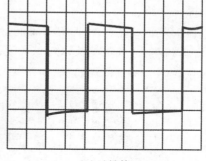

(b)过补偿

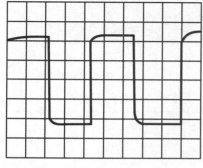

(c)欠补偿

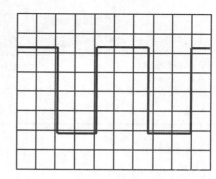

(d)补偿适中

图 5-13 调节探头补偿

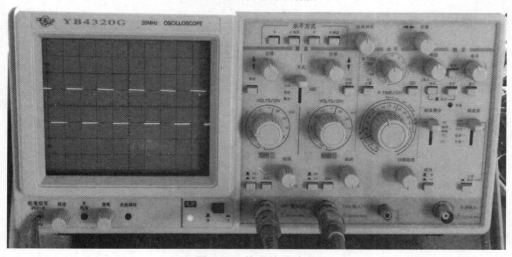

图 5-14 校准信号波形

知识窗

探头介绍

探头是示波器和测试点之间进行物理连接和电连接的设备。探头一端接信号源,由正极端头、负极端头以及探头衰减开关组成;探头的另一端接示波器,由示波器的端口和探头补偿微调组成,如图5-15所示。

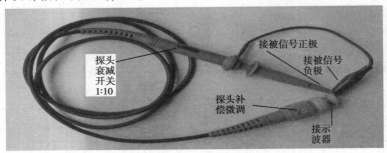

图5-15　探头介绍

当衰减开关拨到×1时,垂直方向上每格的电压值为指示值;若拨到×10时,垂直方向上每格的电压值为指示值×10。补偿微调是改变波形,使失真度最小。

3.测量电信号

(1)测量9 V电池电压

测量9 V电池电压之前要先获得正确的扫描基线,输入耦合方式选择为DC,如图5-16所示。正确接好探头,探头接法如图5-17所示。关闭垂直微调(顺时针旋到底),旋转电压/格旋钮(调节在5 V上),使波形在荧光屏上适中,如图5-18所示。

图5-16　设为"DC"耦合方式

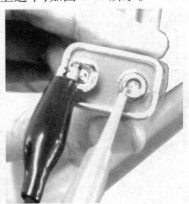

图5-17　接探头

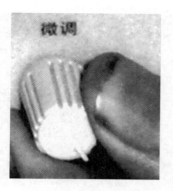
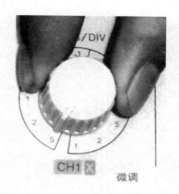

（a）关微调　　　　　　　　　（b）选"电压／格"

图 5-18　关微调、选电压/格

得到的电池测量波形如图 5-19 所示，可以看出波形是一条平滑的直线，电压为10 V。

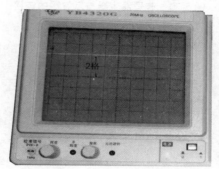

图 5-19　电池的测量波形

知识窗

波形电压参数读取

根据下面数学表达式可以得到被测量信号的电压值：

电压＝垂直格数×电压/格，

$U = 2\ \text{DIV} \times 5\ \text{V/DIV} = 10\ \text{V}$。

（2）观察正弦波信号波形

利用模拟示波器观察信号发生器产生的正弦波信号波形，这一步同样是在获得扫描基线的前提下进行，操作步骤如下。

①调节信号发生器，使之输出正弦波信号，并连接信号发生器与示波器，如图5-20所示。

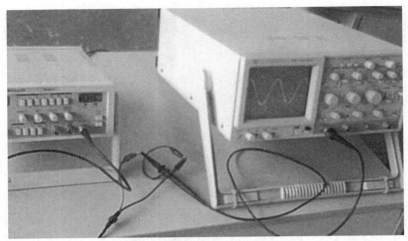

图 5-20　信号发生器与示波器的连接

②设置"电压/格"为 0.2 V/DIV，设置"时间/格"为 0.2 ms/DIV，如图 5-21 所示。

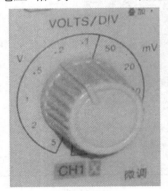

（a）设置电压/格　　　　　　　　　　　　（b）设置时间/格

图 5-21　设置电压/格、时间/格

③触发源（CH1 或 CH2）与通道一致，如果用的是 CH1 通道，触发源就选 CH1，然后调同步电平，如图 5-22 所示，经如此调节，得稳定波形图，如图 5-23 所示。

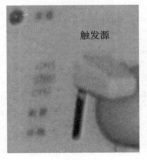

（a）选触发源　　　　　　　　　　　　（b）调同步电平

图 5-22　选触发源、调同步电平

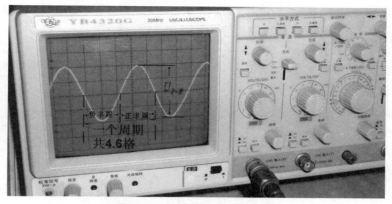

图 5-23　正弦信号波形及注释

知识窗

波形参数的读取

U_{P-P} = 垂直格数×伏特/格，有 U_{P-P} = 4 DIV×0.2 V/DIV = 0.8 V

$U_有$ = U_{P-P}÷2×0.707 V = 0.8÷2×0.707 V = 0.283 V

周期 T = 水平格数×时间/格 = 4.6×0.2 ms = 0.92 ms

正半周 T_H = 正半周所占水平格数×时间/格 = T_H = 2.3×0.2 ms = 0.46 ms

负半周 T_L = 负半周所占水平格数×时间/格 = T_L = 2.3×0.2 ms = 0.46 ms

频率 $f = \dfrac{1}{T}$，有 $f = \dfrac{1}{9.2 \text{ ms}}$ = 108.7 Hz

友情提示

波形不同步的原因：①触发源选得不对；②触发电平调得不合适；③对于复杂信号还可以调释抑。本次以①②为例，如图 5-24 所示。

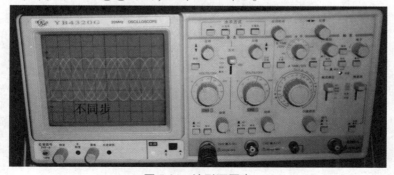

图 5-24　波形不同步

波形不同步的处理方法：波形不同步，首先检查触发源是否与输入通道一致（CH1 或 CH2），其次调节同步电平，如图 5-22(b)所示。

做一做

　　某次测量时,示波器的"电压/格"挡位选 0.5 V/DIV,"时间/格"挡位选 2 ms/DIV,观察的波形如左图所示,请读出并计算波形参数:

$U_{P-P} =$

$U_{有} =$

周期 $T =$

正半周 $T_H =$

负半周 $T_L =$

频率 $f =$

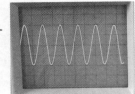

4.检测黑白电视机视放管基极信号

　　①将输入耦合方式设为 AC,触发方式设为"自动",如图 5-25 所示,正确连接探头,如图 5-26 所示。

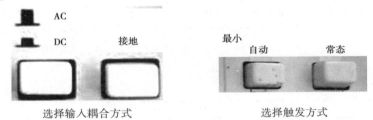

选择输入耦合方式　　　　　　　　选择触发方式

图 5-25　设置方式

图 5-26　探头连接视放管基极

> **友情提示**
>
> 探头使用注意事项
>
> ①探头与被测电路连接时,探头的接地端务必与被测电路的地线相联。否则在悬浮状态下,示波器与其他设备或大地间的电位差可能导致触电或损坏示波器。
>
> ②测量建立时间短的脉冲信号和高频信号时,请尽量将探头的接地导线与被测点的位置邻近。接地导线过长,可能会引起振铃或过冲等波形失真。
>
> ③为避免测量误差,请务必在测量前对探头进行检验和校准,探头衰减补偿的校准原理和方法在前面已经介绍过。
>
> ④对于高压测试,要使用专用高压探头,分清楚正负极后,确认连接无误才能通电开始测量。

②正确地选择"电压/格"—"1 V/DIV"和"时间/格"—"10 μs/DIV",如图 5-27 所示。

（a）选择"电压/格"　　　　　　（b）选择"时间/格"

图 5-27　设置方式

③得到信号波形,如图 5-28 所示。

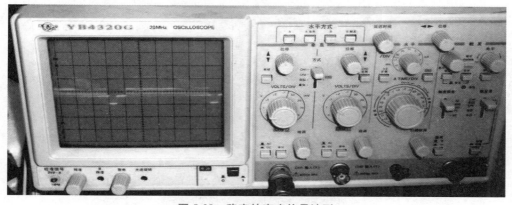

图 5-28　稳定的亮度信号波形

④亮度信号注释,如图 3-29 所示。

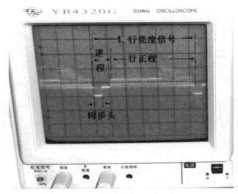

图 5-29　亮度信号注释

由上图可知此时亮度信号的周期：$T = 6.4\ \mu s \times 10 = 64\ \mu s$

⑤使用时间扩展功能对行同步信号详细观察（以观察同步头为例）。按下如图 5-30 所示的键，此时若行同步信号的波形没有在屏幕的中央，可以调节水平位移（见图 5-31），使其在中间位置。

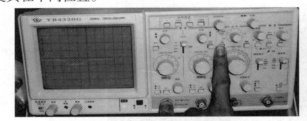

图 5-30　使用时间扩展功能观察同步信号

图 5-31　调节水平位移

注意：由于使用了时间扩展功能，此时水平方向上每格所代表的时间为指示值÷5，上图中每格所代表时间为 $10\ \mu s \div 5 = 2\ \mu s$，行同步信号的注释如图 5-32 所示。

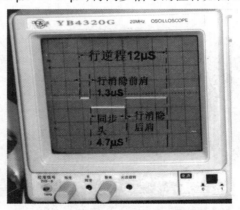

图 5-32　行同步信号波形及注释

5.双踪显示测试 1

将示波器的两个通道都用上，两个通道分别输入幅度大小和相位不相同的信号，对两个信号的幅度大小和相位进行比较。

①测量对象:行振荡级输出端与行激励三极管集电极。

②将 CH1 接行振荡级输出端,将 CH2 接行激励三极管集电极,如图 5-33 所示。各旋钮的设置如图 5-34 所示。

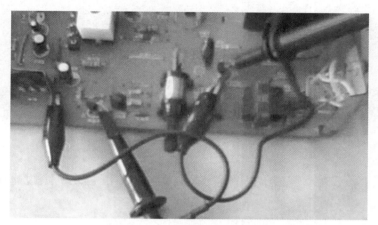

图 5-33 CH1、CH2 探头连接方式

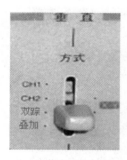

（a）工作方式为双踪

（b）CH1 选"2V/DIV"

（c）CH2 选"5V/DIV"

（d）"时间/格"选"20 μs/DIV"

（e）触发耦合选"AC",触发源选"CH1"或"CH2"

图 5-34 观察行振荡信号时各旋钮的设置

③得到双踪显示的波形如图 5-35 所示。

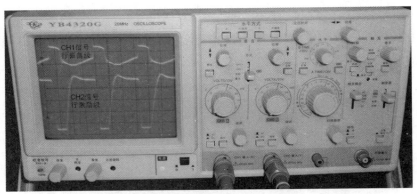

图 5-35　行振荡信号与行激励信号

6.双踪显示测试 2

从示波器上不仅能够观察出两个信号的幅度大小和相位的区别,也能够计算出同频率信号的相位差。

①测量对象:同频率的两个正弦信号。

②将 CH1 接信号 1,将 CH2 接信号 2,调节各旋钮,得两信号如图 5-36 所示。

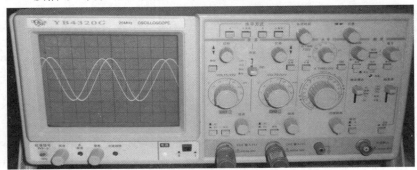

图 5-36　同频率正弦信号的相位比较

③波形注释如图 5-37 所示。

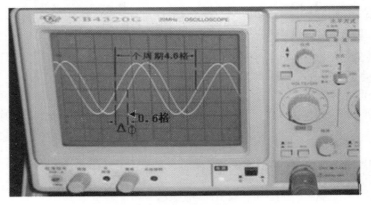

图 5-37　波形注释

知识窗

　　求相位差的方法

　　一个周期在 X 轴上的格数为 4.6 格,所以每格代表的相位为 78.2°(一个周期 $2\pi = 360°$,所以每格所代表的相位为 360° 除以一个周期的水平总格数),则相位差 $\Delta\varphi = 0.6 \times 78.2° = 49.62°$。

任务评价

　　对模拟示波器的使用情况,根据下表中的要求进行评价。

项　目	配分/分	评价要点	自　评	互　评	教师评价	平均分
获得扫描基线	10	①工作方式和输入耦合方式选择正确得3分; ②连接探头正确得3分; ③合理选择"电压/格"得到波形得4分				
校准示波器	10	①连接探头正确得3分; ②关闭相应微调得3分; ③得到校准信号波形得4分				
检测9 V电池电压	20	①输入耦合方式选择正确得6分; ②波形同步得6分; ③合理选择"电压/格"得出波形得8分				
检测正弦波信号	20	①"电压/格""时间/格"选择正确得6分; ②波形同步得6分; ③得出波形并读取波形参数得8分				
检测视放管基极信号	20	①耦合方式、触发方式选择正确得5分; ②探头连接正确得5分; ③"电压/格""时间/格"选择正确得5分; ④得出信号波形得5分				
比较两个信号的幅度大小和相位	10	①工作方式选择正确得2.5分; ②"电压/格""时间/格"选择合理得2.5分; ③触发耦合和触发源选择正确得2.5分; ④得到双踪显示的波形得2.5分				
计算两个信号的相位差	10	①得到双踪显示的波形得5分; ②会计算相位差得5分				

续表

项　目	配分/分	评价要点	自　评	互　评	教师评价	平均分
材料、工具、仪表		①每损坏一处部件扣 10 分 ②材料、工具、仪表没有放整齐扣 10 分				
环境保护意识		每乱丢一项废品扣 10 分				
安全文明操作		违反安全文明操作(视其情况进行扣分)				
额定时间		每超过 5 min 扣 5 分				
开始时间		结束时间		实际时间		成绩
综合评议 意见(教师)						
评议教师				日期		
自评学生				互评学生		

自我测评

一、填空(每空 2 分,共 40 分)

(1)示波管由＿＿＿＿＿、＿＿＿＿＿、＿＿＿＿＿三大部分组成。

(2)为了实现波形的稳定,要求被测信号频率与锯齿波电压的频率＿＿＿＿＿倍。

(3)实现双踪测量,人们在单踪示波器基础上增设一个＿＿＿＿＿开关。

(4)双踪示波器的工作方式有＿＿＿＿＿、＿＿＿＿＿、＿＿＿＿＿、＿＿＿＿＿和＿＿＿＿＿。

(5)示波器对输入信号的耦合方式有＿＿＿＿＿、＿＿＿＿＿、＿＿＿＿＿。

(6)要将示波器的亮度调大,应对＿＿＿＿＿旋钮进行＿＿＿＿＿时针调节。

(7)在对直流信号进行测量时,应将示波器的输入方式置于＿＿＿＿＿方式。

(8)一正弦交流信号显示在示波器上,一个周期在水平方向上占 4 格,在垂直方向上占 6 格,若此时示波器的设置为"1 ms/DIV"和"0.5 V/DIV",请问此时信号的频率是＿＿＿＿＿Hz,正半周是＿＿＿＿＿ms,峰峰值为＿＿＿＿＿V,有效值为＿＿＿＿＿V。

二、问答题(每题 10 分,共 60 分)

(1)通用示波器包括哪几部分? 各部分有何作用?

(2)示波器的垂直偏转因数为 1 V/DIV 挡,探头开关置于"×10",测得一个正弦信号读得波形高度为 7.07 格(峰峰值),问正弦波的有效值为多少?

(3)在双踪显示时,什么时候选择"交替",什么时候选择"断续"?

(4)若水平扫描基线与坐标不能平行时,调节哪个旋钮?

(5)在进行两个信号的相位比较时,如何确定一个水平方格所代表的角度为多少度?

(6)当屏幕上的波形不稳定时,应进行哪些调节控制?

任务二　使用数字示波器

任务分析

现场提供 DS1072E-EDU 型数字示波器一台，UTP3705S 型直流稳压电源一台，DG1022U 型函数信号发生器一台，如图 5-38 所示。在认识数字示波器的基础上，完成以下任务：

①认识 DS1072E-EDU 型数字示波器面板结构及功能键。

②正确校准 DS1072E-EDU 型数字示波器。

③正确调试出 DS1072E-EDU 型数字示波器的扫描基线。

④使用数字示波器测量 UTP3705S 型直流稳压电源输出的直流信号。

⑤使用数字示波器测量 DG1022U 型函数信号发生器产生的正弦波信号。

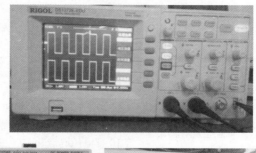

图 5-38　提供的仪器和器材

任务实施

一、认识数字示波器

DS1072E-EDU 型数字示波器的面板主要由显示屏、菜单操作键、多功能键、功能按钮、控制按钮、触发控制、水平控制、垂直控制、输入通道、校准信号等部分组成，如图 5-39 所示，各功能键的作用见表 5-8—表 5-9。

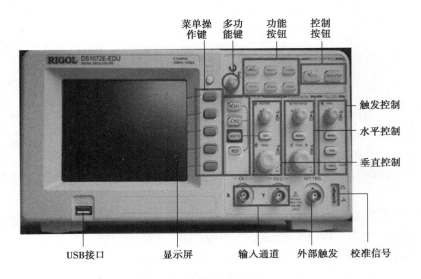

图 5-39 数字示波器面板简介

1.功能按钮

功能按钮及其作用见表 5-8。

表 5-8 功能按钮及作用

功能按钮	功能键	作 用
Measure	自动测量功能键 MEASURE	具有 20 种自动测量功能。包括峰-峰值、最大值、最小值、幅值、平均值、均方根值、频率、周期、正占空比等 10 种电压测量和 10 种时间测量
Acquire	采样控制功能键 ACQUIRE	通过菜单控制按钮调整采样方式(实时采样、等效采样)
Storage	储存功能键 STORAGE	存储和调出图像数据
Cursor	光标测量 CURSOR	通过此设定,在自动测量模式下,系统会显示对应的电压或时间光标,以揭示测量的物理意义

续表

功能按钮	功能键	作　用
	显示功能键 DISPLAY	显示系统的功能按键
	辅助功能设置 UTILITY	自校正、波形录制、语言选择、出厂设置、界面风格、网格亮度、系统信息、频率计等

2.控制按钮

控制按键包括 RUN/STOP（运行/停止）和 AUTO（自动设置），其具有功能见表 5-9。

表 5-9　控制按钮及作用

控制按钮	功能键	作　用
	运行/停止 RUN/STOP	运行和停止波形采样。在停止的状态下，还可以对波形垂直幅度和水平时基进行调整
	自动设置 AUTO	自动设置仪器各项控制值，以产生适宜观测的波形。

3.垂直系统功能键

垂直系统功能键及作用见表 5-10。

表 5-10　垂直系统按键及作用

垂直系统按键	功能键	作　用
	垂直位置旋钮 POSITION	①旋转该旋钮控制波形的垂直显示位置； ②按下该旋钮为设置通道垂直显示位置恢复到零点
	垂直衰减旋钮 SCALE	①旋转该旋钮改变波形的幅度； ②按下该旋钮为设置输入通道的粗调/微调状态的快捷键

4.水平系统功能键

水平系统功能键及作用见表5-11。

表 5-11　水平系统功能键及作用

水平系统功能键	功能键	作　用
	水平位置旋钮 POSITION	①旋转时改变波形的水平位置； ②按下时使触发位移（或延迟扫描位移）恢复到水平零点处
	水平功能菜单 MENU	显示菜单。在此菜单下，可以开启/关闭延迟扫描或切换 Y-T、X-Y 和 ROLL 模式，还可以设置水平触发位移复位（触发位移：指实际触发点相对于存储器中点的位置）
	水平衰减旋钮 SCALE	①旋转该键可改变波形水平参数； ②按下为延迟扫描快捷键

5.触发系统功能键

触发系统按键及作用见表5-12。

表 5-12　触发系统功能键及作用

触发系统功能键	功能键	作　用
	触发电平调节旋钮 LEVEL	①转动该键可以发现屏幕上出现一条橘红色的触发线以及触发标志，随旋钮转动而上下移动。停止转动旋钮，此触发线和触发标志会在约 5 s 后消失。在移动触发线的同时，可以观察到在屏幕上触发电平的数值发生了变化； ②按下该旋钮使触发电平恢复到零点
	触发功能菜单 MENU	调出触发操作菜单（见表10-7）
	50%按钮 50%	设定触发电平在触发信号幅值的垂直中点
	强制触发按钮 FORCE	强制产生一触发信号，主要应用于触发方式中的"普通"和"单次"模式

6.显示界面

显示界面分为模拟通道界面和数字通道界面,分别如图 5-40 和图 5-41 所示。

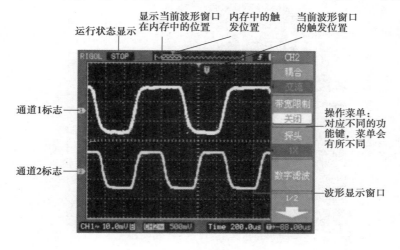

图 5-40 模拟通道显示界面

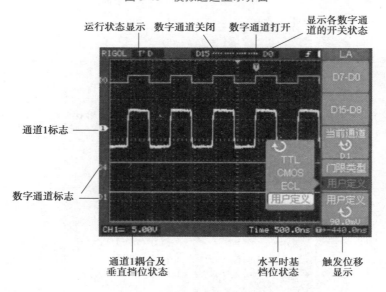

图 5-41 模拟和数字同时显示界面

二、校准数字示波器

为了真实反映被测信号的波形,未经补偿调节或补偿偏差的探头会导致测量误差。为了防止波形出现过补偿或欠补偿,在进行波形测量前,我们要对示波器进行校准。数字示波器校准步骤见表 5-13。

表 5-13　校准数字示波器的步骤

操作步骤	操作图示	操作要点	操作(或测量)结果
①打开电源	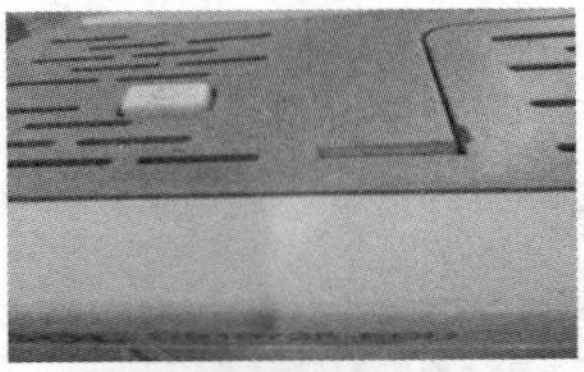	按下示波器顶端的电源开关	示波器开机,电源指示灯亮
②连接探头与示波器	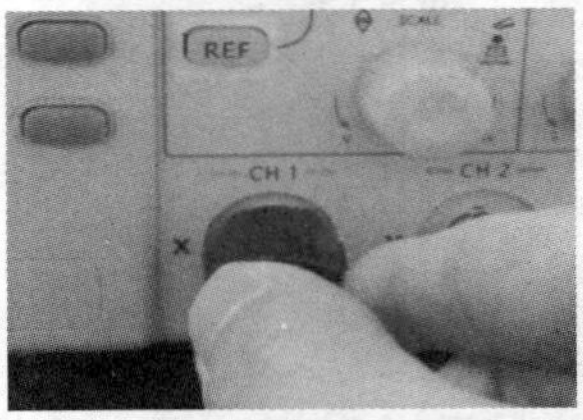	将探头的插入端口插入示波器"CH1(X)"(输入端口)且顺时针旋转连接好	使示波器与探头连接
③设置输入衰减	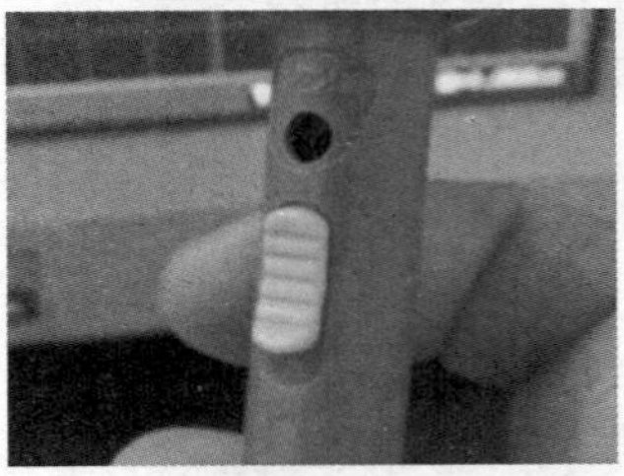	调节探头衰减开关	将探头衰减设置为"×1"
④连接示波器探头与校准信号		先接接地端,再接信号端	将校准信号接入示波器
⑤测量	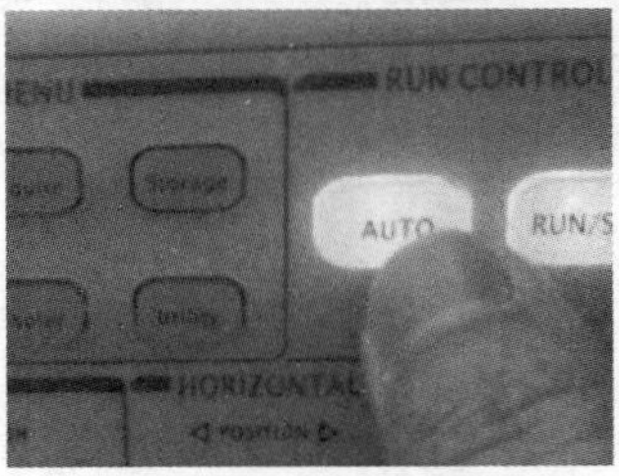	按下"AUTO"键进行自动测量	开始测量波形
⑥调节位移旋钮	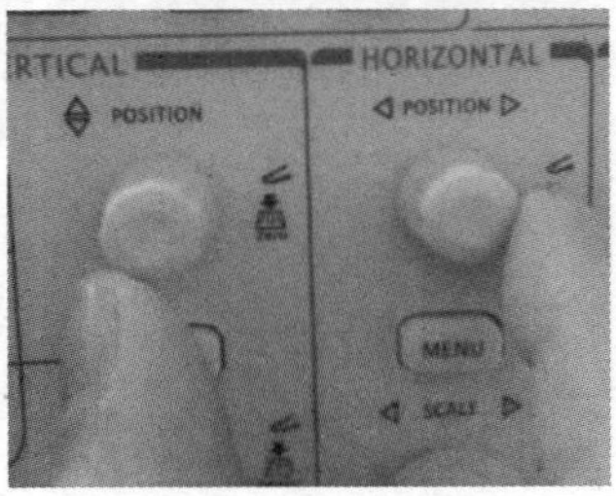	调节"水平位移"和"垂直位移"旋钮	使波形与示波器刻度线重合

续表

操作步骤	操作图示	操作要点	操作(或测量)结果
⑦观察波形补偿	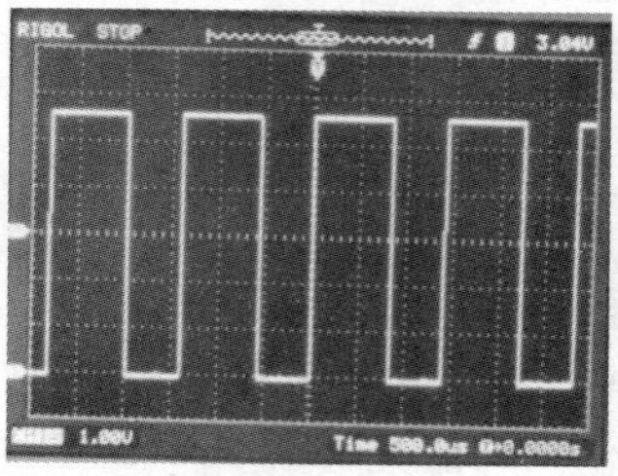	观察波形能否与刻度线重合	若波形能与示波器刻度线重合,则补偿正常
⑧调节补偿	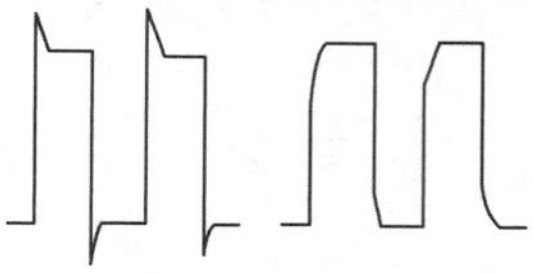 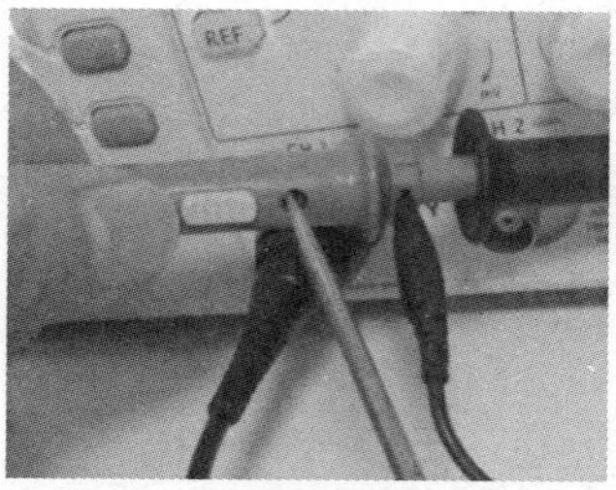	若波形出现了左图波形现象,则需要用一字螺丝刀进行补偿旋钮调节	使示波器补偿正常
⑨查看波形参数	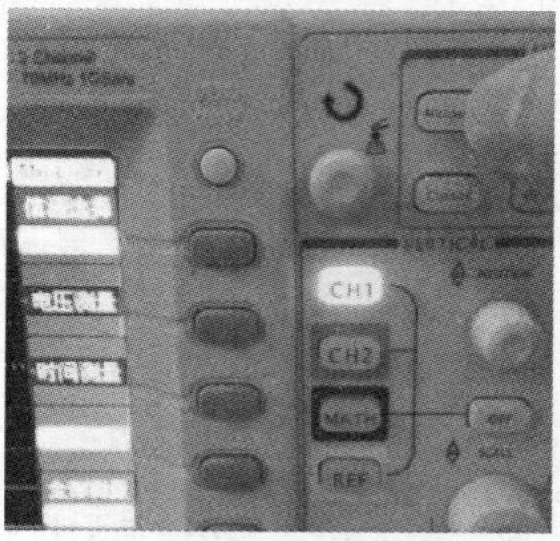	按下"MEASURE"按钮	出现"信源、电压、时间测量"测量参数选项
⑩查看电压参数	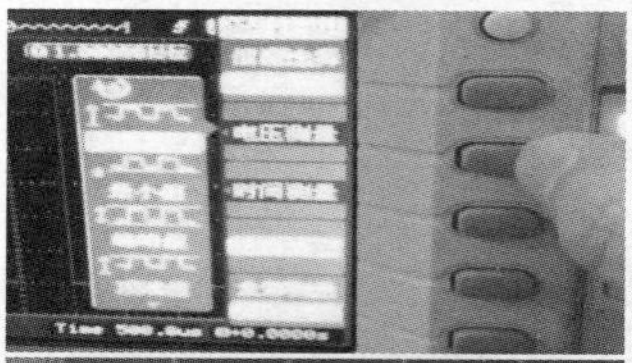 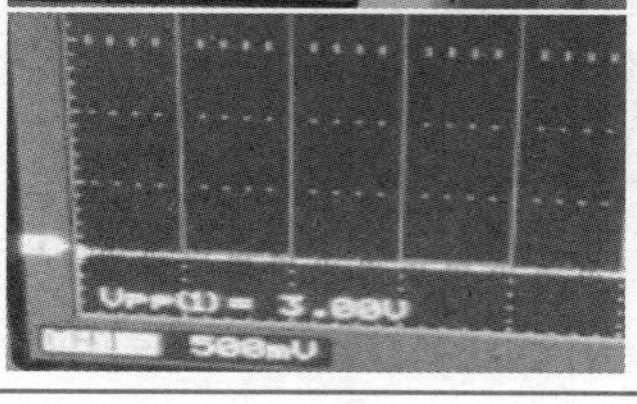	按下"电压测量"对应的菜单操作键;旋转功能旋钮至"峰峰值",并按下功能旋钮	显示"最大值、最小值、峰峰值"等电压测量内容此时显示电压值为"3.00 V"。校准信号$U_{p-p}=3.0$ V,该信号幅度正确

117

续表

操作步骤	操作图示	操作要点	操作(或测量)结果
⑪查看校准信号频率	 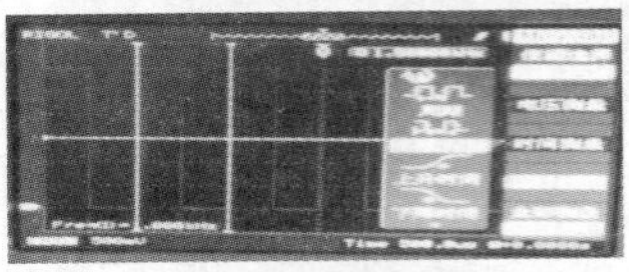	按下"时间测量"对应的菜单操作键;旋转功能旋钮至"频率"处,并按下功能旋钮	显示"周期、频率"等测量内容此时显示频率为"1.0 kHz"。校准信号 $f = 1.0$ kHz,该信号频率正确
⑫清除测量	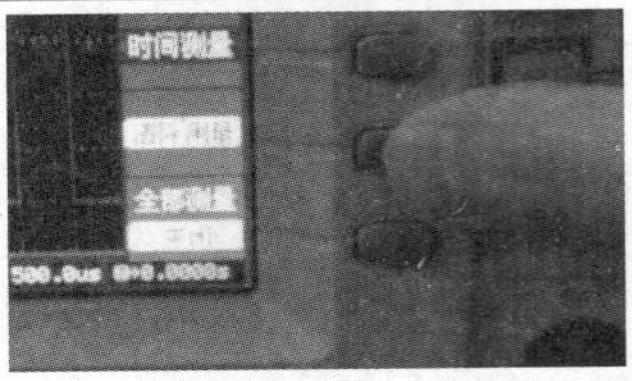	按下"清除测量"对应的菜单按钮	测量清除上面的所有测量,完成示波器校准

三、调试数字示波器扫描基线

在测试直流信号之前,先需要调试示波器本身,获得较好扫描基线后,才能精确测试波形信号。数字示波器扫描基线的调试步骤见表5-14。

表 5-14 调试数字示波器扫描基线的步骤

操作步骤	操作图示	操作要点	操作(或测量)结果
①开机	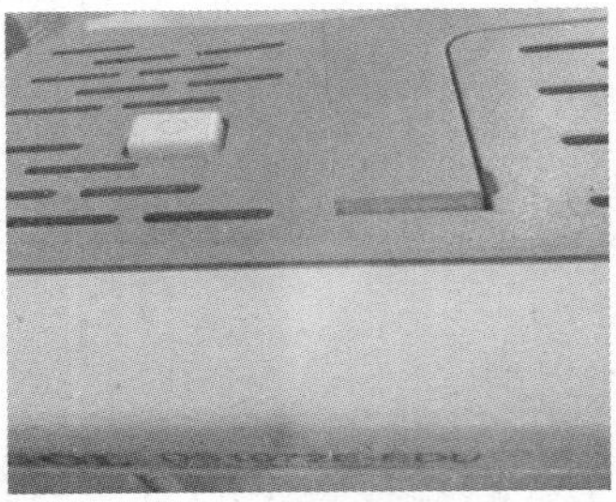	按下示波器顶端电源开关	示波器开机,电源指示灯亮
②连接探头与示波器	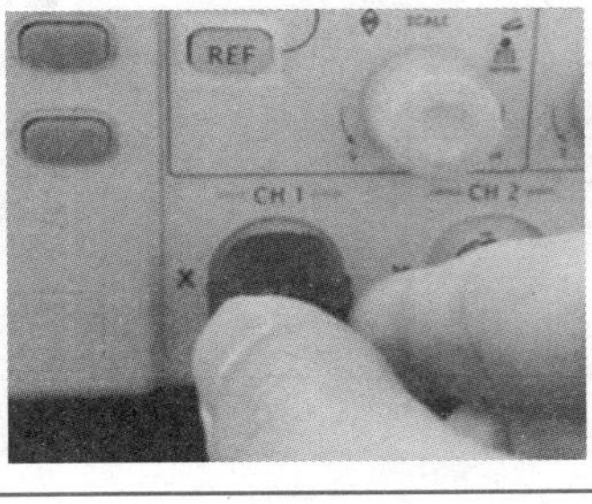	将示波器探头一端与示波器 CH1(或者 CH2)连接	将示波器与探头连接好

续表

操作步骤	操作图示	操作要点	操作(或测量)结果
③设置耦合方式		按下"CH1",按下"耦合"对应操作键,旋转功能旋钮至"接地"并按下确认	将输入耦合方式设置为"接地"
④调出水平亮线		调节垂直位移	使水平亮线处于屏幕中间位置

四、使用数字示波器测量直流信号

1.直流电压测量原理

在测量直流电压时,是利用被测电压在屏幕上呈现的直线偏离时间基线(即零电平线)的高度与被测电压的大小呈正比的关系来进行的。

即:被测电压=垂直格数×电压/格×探头衰减。

2.测量直流电压的操作步骤

在此以测量 UTP3705S 型直流稳压电源输出的 5 V 直流电压为例讲解其操作步骤。

①开机校准示波器,并调节时间基线,使时间基线与水平刻度线重合,并将其调至屏幕中央。

②调节 UTP3705S 型直流稳压电源,使 CH1 通道输出 5 V 的直流电。

③设置探头衰减,将探头衰减设置为"×1"。

④连接示波器探头与被测点(UTP3705S 型直流稳压电源 CH1 通道输出端)。

⑤设置示波器输入耦合方式,将输入耦合设置为"直流"。

⑥进行测量,按下自动测量键"AUTO"。

⑦按下"MEASURE"按钮,调出测量菜单。

⑧按下"电压测量"对应的菜单操作键,查看电压测量参数。

⑨旋转功能旋钮至"平均值",并按下功能旋钮,读取输入电压平均值,应有 5 V。

⑩断开示波器探头与被测点。

⑪仪器复位并整理实训台。

五、使用数字示波器测量交流信号

1.波形电压参数的识读

DS1072E 型数字示波器可以自动测量的电压参数包括峰-峰值、最大值、最小值、平均值、均方根值、顶端值、底端值。波形电压参数读取如图 5-42 所示,各参数所代表的含义见表 5-15。

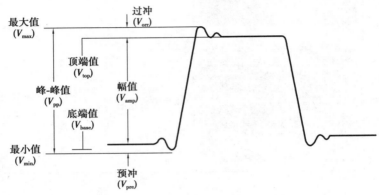

图 5-42　波形电压示意

表 5-15　电压参数及含义

电压参数图标	电压参数	含　义
Upp=	峰-峰值(V_{pp})	波形最高点波峰至最低点的电压值
Vmax=	最大值(V_{max})	波形最高点至 GND(地)的电压值
Vmin=	最小值(V_{min})	波形最低点至 GND(地)的电压值
Vamp=	幅值(V_{amp})	波形顶端至底端的电压值
Vtop=	顶端值(V_{top})	波形平顶至 GND(地)的电压值
Vbas=	底端值(V_{base})	波形平底至 GND(地)的电压值
Vovr=	过冲(V_{orr})	波形最大值与顶端值之差与幅值的比值
Vpre=	预冲(V_{pre})	波形最小值与底端值之差与幅值的比值

续表

电压参数图标	电压参数	含 义
Uavg=	平均值（V_{ave}）	单位时间内信号的平均幅值
Urms=	均方根值（V_{rms}）	有效值。依据交流信号在单位时间内所换算产生的能量，对应于产生等值能量的直流电压，即均方根值

2.波形时间参数识读

DS1072E 型数字示波器可以自动测量信号的频率、周期、上升时间、下降时间、正脉宽、负脉宽、正占空比、负占空比八种时间参数的自动测量。波形的时间参数读取如图 5-43 所示，各参数所代表的含义见表 5-16。

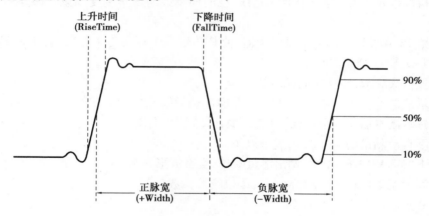

图 5-43 时间参数示意

表 5-16 时间参数及含义

时间参数图标	时间参数	含 义
Prd=	周期（P_{rd}）	扫描一个完整周期所用时间
Freq=	频率（F_{req}）	在单位时间 1 s 内所完成扫描周期的个数
Rise<	上升时间（Rise Time）	波形幅度从 10% 上升至 90% 所经历的时间
Fall<	下降时间（Fall Time）	波形幅度从 90% 下降至 10% 所经历的时间
+Wid=	正脉宽（+Width）	正脉冲在 50% 幅度时的脉冲宽度

续表

时间参数图标	时间参数	含　义
-Wid=	负脉宽(-Width)	负脉冲在50%幅度时的脉冲宽度
+Duty=	正占空比(+Duty)	正脉宽与周期的比值
-Duty=	负占空比(-Duty)	负脉宽与周期的比值

3.测量交流信号的操作步骤

在此以测量 DG1022U 型函数信号发生器产生的频率为 1 kHZ,幅度为 $2V_{P-P}$ 的正弦波信号为例讲解其操作步骤。

①开机校准示波器,并调节时间基线,使时间基线与水平刻度线重合,并将其调至屏幕中央。

②设置 DG1022U 型函数信号发生器,使其产生一个频率为 1 kHZ,幅度为 $2V_{P-P}$ 的正弦波信号并从 CH1 通道输出来。

③设置探头衰减,将探头衰减设置为"×1"。

④将示波器的探头与函数信号发生器 CH1 通道输出探头可靠连接。

⑤设置示波器输入耦合方式,将输入耦合设置为"交流"。

⑥按下自动测量键"AUTO",进行测量。

⑦按下"MEASURE"按钮,调出测量菜单,查看波形参数。

⑧在测量菜单中选择"全部测量",读取波形参数。

⑨断开示波器探头与被测点。

⑩仪器复位并整理实训台。

任务评价

项　目	配分/分	评价要点	自　评	互　评	教师评价	平均分
熟悉面板按钮	10	能正确识别按钮得10分				
按钮名称和作用	10	①能正确说出按钮名称5分 ②正确说出各按钮作用得5分				
正确校准数字示波器	20	能正确校准得20分				
正确调出扫描基线	20	能调出扫描基线得20分				
测量直流信号	20	能正确测量直流信号得20分				

续表

项　　目	配分/分	评价要点	自　评	互　评	教师评价	平均分
测量交流信号	20	能正确测量交流信号得 20 分				
材料、工具、仪表		每损坏或者丢失一样扣 10 分 材料、工具、仪表没有放整齐扣 10 分				
环境保护意识		每乱丢一项废品扣 10 分				
安全文明操作		违反安全文明操作(视情况扣分)				
额定时间		每超过 5 min 扣 5 分				
开始时间		结束时间		实际时间		成绩
综合评议意见(教师)						
评议教师				日期		
自评学生				互评学生		

习题五

一、选择题

(1)用示波器测量波形信号的周期、频率等,属于(　　　)测量。

　　A.频域测量　　　　　　　　　　　　B.时域测量

　　C.数据域测量　　　　　　　　　　　D.包括以上三项测量

(2)下列不属于数字示波器特点的是(　　　)。

　　A.能捕捉单次、瞬变的信号　　　　　B.只能以"前触发"的方式进行触发

　　C.有较高的测量精度和自动测量功能　D.能无闪烁地显示低频信号

(3)若在示波器的"Y 输入"和"地"之间加上如图 5-44 所示的电压,而扫描范围旋钮置于"外 X"挡,"X 输入"端未接入信号。则此时屏上应出现的情形是图中的(　　　)。

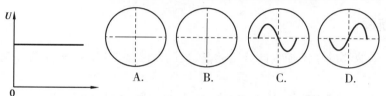

图 5-44　题(3)图

(4)在数字示波器中,关于"触发电平调节"和"电平锁定"两个功能键的描述正确的是( )。

　　A."触发电平调节"和"电平锁定"都是用来调节信号的触发电平以实现波形同步的

　　B."触发电平调节"和"电平锁定"都是用来保持波形的自动同步

　　C."触发电平调节"是用来保持波形自动同步

　　D."电平锁定"是用来保持波形自动同步

(5)在用数字示波器测量某波形后,电压参数为"$V_{max} = 5\ V$",该参数为( )。

　　A.电压最小值　　　　　　　　　B.电压均方根值

　　C.电压峰峰值　　　　　　　　　D.电压最大值

二、填空题

(1)数字示波器由_____、_____和_____三大部分组成。

(2)数字存储示波器对信号的处理是将待测信号进行_____、_____、_____,然后从 RAM 中取出存储的_____信号,通过_____转换成模拟信号在屏幕上显示。

(3)数字示波器能够无闪烁地显示低频信号,是因为数据的写入可以_____,但数据的读出则是一个恒定的速度。

(4)数字示波器处理信号的方式为_____方式,而模拟示波器采用的是模拟方式。

(5)若要对某波形进行自动测量,则需按下_____键。

(6)RIGOL-DS1072E 型数字存储示波器通过按_____键可选择输入耦合方式为_____、_____和_____3 种。

(7)RIGOL-DS1072E 型数字存储示波器测量某电信号特性参量时,当信号出现后,先按下_____键,示波器显示屏自动显示出波形,再按下_____键,接着按_____键,示波器屏幕上出现信号所有参数,可以直接读出测量信号所有参量。

(8)调节_____旋钮可以实现波形同步。边沿触发菜单中的_____可以保持波形自动同步。

(9)在示波器组成电路中,系统控制主要包括_____、_____、_____和时钟振荡电路。

(10)A/D 转换电路是将电路中的_____信号转换成_____信号。

三、判断题

(1)数字示波器的系统控制部分由键盘、只读存储器、CPU、时钟振荡等电路组成。
( )

(2)ROM 存储器中有厂家写入的控制程序,可以随时调用和修改。 ( )

(3)采样及存储和读出及显示为一个逆过程。 ( )

(4)数字示波器能捕捉单次的信号是因为它具有存储功能。 （ ）

(5)当按下"RUN/STOP"键,绿灯亮时表示停止,红灯亮时表示运行。 （ ）

(6)按下"MEASURE"键,将自动测量波形。 （ ）

(7)按下"AUTO"键,能自动根据波形调整水平系统和垂直系统,使波形稳定显示在屏幕上。 （ ）

(8)用数字示波器测量直流电压,连接探头时不需要区分正负极。 （ ）

(9)数字示波器屏幕上所显示的也是数字波形。 （ ）

(10)在调试数字示波器时,当只在 X 轴偏转板上加入信号,将 Y 轴偏转板接地时,屏幕上将出现一条水平亮线。 （ ）

四、简答题

(1)电路中开关 S_3 断开后,输出波形频率会发生什么变化?

(2)请简要说明为什么数字示波器可以测量瞬变信号。

(3)简述数字示波器波形的显示过程。

(4)将下列表格补充完整。

功能键	作 用
MEASURE	
ACQUIRE	
STORAGE	
CURSOR	
DISPLAY	
UTILITY	

项目六
使用信号发生器

【知识目标】
- 了解信号发生器的基本组成及主要技术指标；
- 理解信号发生器的基本工作原理。

【技能目标】
- 通过完成本项目的学习和练习，初步掌握常用信号发生器的基本使用；
- 会进行常用数据的检测。

　　信号发生器又称信号源，它可以产生不同频率、幅度和波形的各种供测试的信号（如正弦波、方波、三角波、锯齿波、脉冲波、调幅波和调频波等信号）。信号发生器的种类很多，按输出波形的不同分为正弦波信号、脉冲信号、函数信号和噪声信号发生器；按频率范围的不同分为超低频（0.000 1 ~ 1 000 Hz）、低频（1 Hz ~ 1 MHz）、高频（100 kHz ~ 30 MHz）、甚高频（30 ~ 300 MHz）、超高频（300 MHz 以上）和视频（20 Hz ~ 10 MHz）信号发生器。本项目主要学习使用低频和高频信号发生器。

任务一　使用低频信号发生器

任务分析

现场提供 XD1 低频信号发生器一台，MF47 万用表一台，保险管两只，一字改锥一把，如图 6-1 所示，完成以下任务。

图 6-1　训练材料

1.DX-1 型低频信号发生器的基本使用

①认识 DX-1 型低频信号发生器面板旋钮的功能，熟悉其操作方法。

②按表 6-1 中内容调节 DX-1 型低频信号发生器旋钮，并将它们所处的位置填入表中。

表 6-1　调节 DX-1 型低频信号发生器

旋　钮	输出信号	1 kHz 1 V	400 Hz 0.5 V	100 kHz 3 V	1 MHz 0.5 V	50 Hz 5 V
频段选择旋钮						
频率旋钮	×1					
	×0.1					
	×0.01					

续表

旋　钮　＼　输出信号	1 kHz 1 V	400 Hz 0.5 V	100 kHz 3 V	1 MHz 0.5 V	50 Hz 5 V
步级衰减器					
输出调节旋钮					

注意:频段选择旋钮分6个波段:1~10 Hz,10~100 Hz,100 Hz~1 kHz,1~10 kHz,10~100 kHz,100 kHz~1 MHz。

2.利用 DX-1 型低频信号发生器测量指针万用表交流 5 V 挡的频率特性

①调节 DX-1 型低频信号发生器的输出电压为 5 V,将指针万用表的量程开关拨至交流 5 V 挡。

②按表6-2所指定的频率值调节 DX-1 型低频信号发生器的输出频率,将万用表的读数填入表6-2。

表6-2　测量指针式万用表交流 5 V 挡的频率特性

频率	5 Hz	10 Hz	50 Hz	100 Hz	500 Hz	1 kHz	5 kHz	10 kHz	50 kHz	100 kHz
读数										

以小组为单位,分别进行操作并观察,测量并记录数据填写在表中,然后分析数据,并练习使用。

任务实施

一、认识低频发生器

低频信号发生器用来产生频率为 1 Hz~200 kHz 的正弦信号,除具有电压输出外,有的还有功率输出功能,所以用途十分广泛,可用于测试或检修各种电子仪器设备中的低频放大器的频率特性、增益、通频带,也可用作高频信号发生器的外调制信号源。另外,在校准电子电压表时,它还可提供交流信号电压。常用的低频信号发生器有 XD1 型和 XD2 型,如图 6-2 所示。

低频信号发生器的主要性能指标有:

①频率范围:一般为 20 Hz~1 MHz,且连续可调。

②频率准确度:±1%~±3%。

③频率稳定度:一般 0.4%/小时。

④输出电压:0~10 V 连续可调。

⑤输出功率:0.5~5 W 连续可调。

⑥输出阻抗:50 Ω、75 Ω、150 Ω、600 Ω、5 kΩ 等几种。

⑦非线性失真范围:0.1%~1%。

⑧输出形式:平衡输出与不平衡输出。

图 6-2 低频信号发生器实物图

二、使用低频信号发生器

认识 XD1 型低频信号发生器的操作面板,面板如图 6-3 所示。

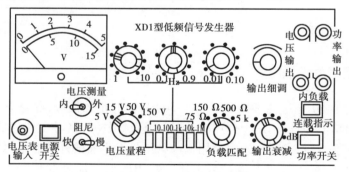

图 6-3 XD1 型低频信号发生器面板

1.使用前的准备工作

接通仪器的电源之前,应先检查电源电压是否正常,电源线及电源插头是否完好无损,通电前将输出细调电位器旋至最小,然后接通电源,打开 XD1 型低频信号发生器的开关。

2.频率的调节

频率的调节包括频段的选择和频率细调。

(1)频段的选择

根据所需要的频段(即频率范围),可通过按面板上的琴键开关,来选择所需要的频率。例如,需要输出信号的频率为 6 000 Hz,该频率在 1～10 kHz 的频段,故应按下 10 kHz 的按键(从左向右第 5 个键)。

(2)频率细调

在频段按键的上方,有 3 个频率细调旋钮,1～10 旋钮为整数;0.1～0.9 旋钮为第一位小数;0.01～0.10 旋钮为第二位小数。选择频率时,信号频率的前 3 位有效数字由这 3 个旋钮来确定。例如,需要信号的频率为 3 550 Hz,则频段选择按下 10 kHz 按键后,应将 3 个细调旋钮分别旋转到 3、0.5、0.05 的位置。

3.输出电压的调节

XD1 型低频信号发生器设有电压输出和功率输出两组端钮,这两组输出共用一个输出衰减旋钮,可做 10 dB/步的衰减。但需要注意,在同一衰减位置上,电压与功率的衰减分贝数是不相同的,面板上已用不同的颜色区别表示。输出细调是由同一电位器连续调节的,这两个旋钮适当配合便可在输出端上得到所需的信号输出幅度。

调节时,首先将负载接在电压输出端钮上,然后调节输出衰减旋钮和输出细调旋钮,即可得到所需要的电压幅度信号。输出信号电压的大小可从电压表上读出,然后除以衰减倍数就是实际输出电压值。

4.电压级的使用

从电压级可以得到较好的非线性失真系数(<0.1%)、较小的输出电压(200 μV)和较好的信噪比。电压级最大可输出 5 V 电压,其输出阻抗是随输出衰减的分贝数的变化而变化的。为了保持衰减的准确性及输出波形不失真(主要是在 0 dB 时),电压输出端钮上的负载应大于 5 kΩ。

5.功率级的使用

使用功率级时应先将功率开关按下,以将功率级输入端的信号接通。

(1)阻抗匹配

功率级共设有 50 Ω、75 Ω、150 Ω、600 Ω 和 5 kΩ 5 种额定负载值,如欲得到最大的功率输出,应使负载阻抗等于这 5 种数值之一,以达到阻抗匹配。若做不到完全相同,一般也应使实际的负载阻抗值大于所选用的功率级的额定阻抗数值,以减小信号失真。当负载为高阻抗,且要求工作在频率输出频段的两端,即在接近 10 Hz 或几百千赫时,为了输出足够的幅度,应将功放部分内的负载按键按下,接通内负载,否则在功放级工作频段的两端,输出幅度会下降。当负载值与面板上负载匹配旋钮所指数值不相符时,步进衰减器指示将产生误差,尤其是 0～10 dB 这一挡。当功率输出衰减放在 0 dB 时,信号发生器内阻比负载值要小。但衰减放在 10 dB 以后的各挡时,内阻与面板上负载匹配旋钮指示的阻抗值相符,可做到负载与信号发生器内阻匹配。

(2)保护电路

刚开机时,过载指示灯亮,经 5～6 s 后熄灭,表示功率级进入工作状态。当输出衰减旋钮开得过大或负载阻抗值过小时,过载指示灯亮,表示过载。此时应减小输出幅度,指示灯过几秒钟后熄灭,自动恢复正常工作。若减小输出幅度后仍过载,则灯闪亮。在高频端,有时因信号幅度过大,指示灯会一直亮,此时应减小信号幅度或减轻负载,使其恢复正常。当保护指示不正常时,需要关机进行检修,以免烧坏功率管。当不使用功率级时,应把功率开关按键复位,以免功率保护电路的动作影响电压级输出。

（3）对称输出

功率级输出可以不接地,当需要这样使用时,只要将功率输出端与接地端的连接片取下即可。

（4）功率输出

功率级在 10 Hz～700 kHz（5 kΩ 负载时在 10～200 Hz）范围的输出,符合技术条件的规定。在 5～10 Hz、700 kHz～1 MHz（或5 kΩ负载在200 kHz～1 MHz）范围仍有输出,但输出功率减小。功率级输出频率在5 Hz以下时,不能输出信号。

（5）电压表的使用

当用作外测仪表时,需将电压测量开关拨向外,此时根据被测量电压选择电压表的量程,测量信号从输入电缆上输入。当电压测量开关拨向内时,电压表接在电压输出级细调电位器之后,量程为5 V挡。当功率输出衰减旋钮挡位改变时,电压表指示不变,而实际输出电压在改变。这时的实际输出电压值 U = 电压表指示值 U_1/电压衰减倍数。此电压表与地无关,因此可测量不接地的输出电压。

任务评价

项　　目	配分/分	评价要点	自　评	互　评	教师评价	平均分
熟悉面板按钮	30	①能正确识别按钮得 10 分; ②正确说出各按钮功能得 10 分; ③读数正确得 10 分				
按钮选择和使用	30	①按钮选择正确得 10 分; ②量程选择正确得 10 分; ③读数正确得 10 分				
测量频率特性	40	①挡位选择正确得 10 分; ②量程选择正确得 10 分; ③读数正确得 20 分				
材料、工具、仪表		①每损坏或者丢失一样扣 10 分; ②材料、工具、仪表没有放整齐扣 10 分				
环境保护意识		每乱丢一项废品扣 10 分				
节能意识		用完万用表转换开关还停留在电阻挡扣 10 分;实验完毕,未切断电源扣 10 分				

续表

项　目	配分/分	评价要点	自　评	互　评	教师评价	平均分
安全文明操作		违反安全文明操作(视其情况进行扣分)				
额定时间		每超过 5 min 扣 5 分				
开始时间		结束时间		实际时间		成绩
综合评议 意见(教师)						
评议教师				日期		
自评学生				互评学生		

知识扩展

低频信号发生器分为波段式和差频式,如图 6-4 所示,(a)为波段式结构,(b)为差频式结构。

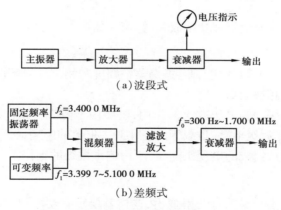

（a）波段式

（b）差频式

图 6-4　低频信号源组成框

一、低频信号发生器的原理方框图

低频信号发生器的原理方框图如图 6-5 所示,包括主振级、主振输出调节电位器、电压放大器、输出衰减器、功率放大器、阻抗变换器(输出变压器)和指示电压表。

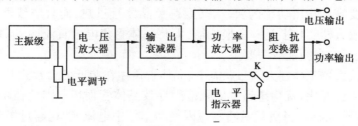

图 6-5　低频信号发生器原理方框图

主振级产生低频正弦振荡信号,经电压放大器放大,达到电压输出幅度的要求,经输出衰减器可直接输出电压,用主振输出调节电位器调节输出电压的大小。电压输出端的负载能力很弱,只能供给电压,故为电压输出。振荡信号再经功率放大器放大后,才能输出较大的功率。阻抗变换器用来匹配不同的负载阻抗,以便获得最大的功率输出。电压表通过开关换接,测量输出电压或输出功率。

二、低频信号发生器的主振电路

主振电路是低频信号发生器的核心部分,产生频率可调的正弦信号,它决定了信号发生器的有效频率范围和频率稳定度。低频信号发生器中产生振荡信号的方法有多种。在现代低频信号发生器中,主振器常采用 RC 文氏电桥振荡电路。这种振荡器的频率调节方便,调节范围也较宽。

RC 文氏电桥振荡器的优点是稳定度高,非线性失真小,正弦波形好,因此在低频信号发生器中获得广泛应用。

三、低频信号发生器的放大电路

放大电路包括电压放大器和功率放大器,简述如下:

1.电压放大器

主振级中的电压放大器,应能满足振荡器的幅度和相位平衡条件。RC 桥式振荡器中的电压放大器应是同相放大器。

缓冲放大器兼有缓冲和电压放大的作用,主要用于阻抗变换。缓冲是为了将后级电路与主振器隔离,防止后级电路、负载等的变化对主振器的影响,保证主振频率稳定,一般采用射极跟随器或运放组成的电压跟随器,不影响主振级的工作。

2.功率放大器

某些低频信号发生器要求有功率输出,这样就要求有功率放大器。功率放大器用来对电平调节器送来的电压信号进行功率放大,使之达到额定的功率输出,驱动低阻抗负载。通常采用电压跟随器或 BTL 电路等。在低频信号发生器中,对功率放大器的主要要求是失真小,输出额定功率,并设有保护电路。

功率放大器主要是为负载提供所需要的功率。因此晶体管均工作在大信号(大电压、大电流)状态。为了充分利用晶体管,其工作电流、电压都接近管子的极限值。所以要求功率放大器既要满足输出功率的要求,又要避免晶体管过热,而且非线性失真也不能太大。由于功率放大器实际上是一个换能器,即将晶体管集电极直流输入功率转换为交流输出功率,因此还要求换能效率要高。

由于功率放大器工作在大信号状态下,晶体管往往在接近极限参数下工作,所以因设计不当或使用条件变化,就容易超过极限范围导致晶体管损坏。因此在功率放大器电路中,常常加上保护电路。当负载短路等原因使功率管中电流、功耗超过极限运用范围时,利用负载短路取样信号,通过保护电路可以切断输入信号或切断电源,以达到保护目的,

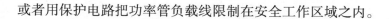

或者用保护电路把功率管负载线限制在安全工作区域之内。

四、低频信号发生器的输出电路

对于只要求电压输出的低频信号发生器,输出电路仅仅是一个电阻分压式衰减器。对于需要功率输出的低频信号发生器,为了与负载匹配以减小波形失真和获得最大输出功率,还必须接上一个或两个匹配输出变压器,并用波段开关改变输出变压器次级圈数来改变输出阻抗以获得最佳匹配。

低频信号发生器中的输出电压调节,常常可以分为连续调节和步进调节。为了使主振输出电压连续可调,采用电位器作连调衰减器。为了步进调节电压,用步进衰减器按每挡的衰减分贝数逐挡进行。例如 XD22 型低频信号发生器中的步进衰减器,衰减共分 9 级,每级衰减 10 dB,共 90 dB。衰减器原理如图 6-6 所示。一般要求衰减器的负载阻抗很大,使负载变化对衰减系数影响较小,从而保证衰减器的精度。衰减器每级的衰减量根据输入、输出电压的比值取对数求出。现以波段开关置于第二挡为例,根据下式计算衰减量为

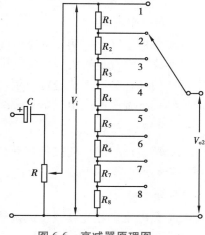

图 6-6　衰减器原理图

$$\frac{V_{o2}}{V_i} = \frac{R_2 + R_3 + R_4 + R_5 + R_6 + R_7 + R_8}{R_1 + R_2 + R_3 + R_4 + R_5 + R_6 + R_7 + R_8}$$

根据 XD1 型低频信号发生器衰减器的参数计算得:

$$\frac{V_{o2}}{V_i} = 0.316$$

两边取对数

$$20 \lg \frac{V_{o2}}{V_i} = -10 \text{ dB}$$

同理第三挡为

$$\frac{V_{o3}}{V_i} = 0.1$$

$$20 \lg \frac{V_{o3}}{V_i} = -20 \text{ dB}$$

依此类推,波段开关每增加一挡,就增加10 dB的衰减量,根据需要可任选衰减量。

输出电路还包括电子电压表,一般接在衰减器之前。经过衰减的输出电压应根据电压表读数和衰减量进行估算。

五、低频信号发生器的主要性能指标与要求

1.频率范围

频率范围是指各项指标都能得到保证时的输出频率范围,或称有效频率范围,一般为 20 Hz~200 kHz,现在能达到1 Hz~1 MHz。在有效频率范围内,频率应能连续调节。

2.频率准确度

频率准确度是表明实际频率值与其标准频率值的相对偏离程度,一般为±3%。

3.频率稳定度

频率稳定度是表明在一定时间间隔内,频率准确度的变化,所以实际上是频率不稳定度或漂移。没有足够的频率稳定度,就不可能保证足够的频率准确度。另外,频率的不稳定可能使某些测试无法进行。频率稳定度分长期稳定度和短期稳定度。频率稳定度一般应比频率准确度高一至二个数量级,一般应为(0.1~0.4)%/小时。

4.非线性失真

振荡波形应尽可能接近正弦波,这项特性用非线性失真系数表示,希望失真系数为 1%~3%,有时要求低至0.1%。

5.输出电压

输出电压须能连续或步进调节,幅度应在0~10 V 范围内连续可调。

6.输出功率

某些低频信号发生器要求有功率输出,以提供负载所需要的功率。输出功率一般为 0.5~5 W 连续可调。

7.输出阻抗

对于需要功率输出的低频信号发生器,为了与负载完美地匹配以减小波形失真和获得最大输出功率,必须有匹配输出变压器来改变输出阻抗以获得最佳匹配,如50 Ω、75 Ω、150 Ω、600 Ω 和1.5 kΩ 等几种。

8.输出形式

低频信号发生器应可以平衡输出与不平衡输出。

任务二　使用函数信号发生器

任务分析

现场提供 DG1022U 型函数信号发生器一台,电源线一条,BNC 连接线 1 条,探头 2 个,如图 6-7 所示,完成以下任务:

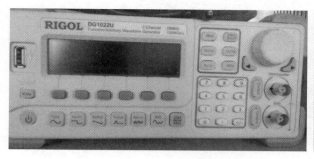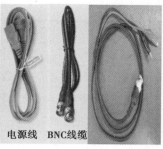

电源线　BNC线缆

图 6-7　训练器材

①认识 DG1022U 函数信号发生器面板旋钮的功能,熟悉其操作方法。

②能写出 DG1022U 函数信号发生器面板上各功能键的名称和作用。

③使用 DG1022U 型函数信号发生器从 CH1 通道输出波形。

④使用 DG1022U 型函数信号发生器从 CH2 通道输出连续可调波形。

⑤使用 DG1022U 型函数信号发生器的复制功能输出双通道信号。

任务实施

一、认识 DG1022U 型函数信号发生器

1.主要技术参数

DG1022U 型函数信号发生器的主要技术参数见表 6-3。

表 6-3　DG1022U 型函数信号发生器的主要技术参数

项　目	技术参数	
输出频率范围 0.1 Hz~25 MHz	正弦波:1 μHz~25 MHz	
	方波:1 μHz~5 MHz	
	锯齿波/三角波:1 μHz~500 kHz	
	脉冲波:500 μHz~5 MHz	
	白噪声:5 MHz 带宽(−3 dB)	
	任意波形:1 μHz~5 MHz	
分辨率	1 μHz	
采样率	CH1、CH2 通道均为 100 MSa/s	
输出波形	正弦波、三角波、矩形波、正向或负向锯齿波、正向或负向脉冲波	
输出波形幅度(50 Ω 负载)	CH1 通道	CH2 通道
	输出频率≤20 MHz 时,输出波形幅度 2 mV~10 V	输出波形幅度 2 mV~3 V
	输出频率>20 MHz 时,2 mV~5 V	

续表

项　目	技术参数
外测参数类型	频率、周期、正/负脉冲宽度、占空比
外测频率范围	单通道：100 mHz~200 MHz
外测电压范围	200 mV~5 V
脉冲宽度、占空比测量范围	1 Hz~10 MHz（100 mV~10 V）

2.面板结构

DG1022U 双通道函数信号发生器向用户提供简单而功能明晰的前面板，包括人性化的键盘布局和指示以及丰富的接口，其外部结构包含液晶显示屏、功能选择按键、幅度频率调节旋钮、输入输出接口、BNC 线（BNC 同轴线和 BNC 鳄鱼夹线）等。前面板结构如图 6-8 所示，后面板结构如图 6-9 所示。

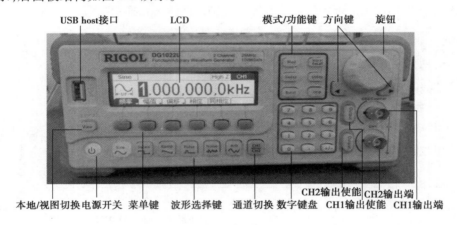

图 6-8　函数信号发生器前面板

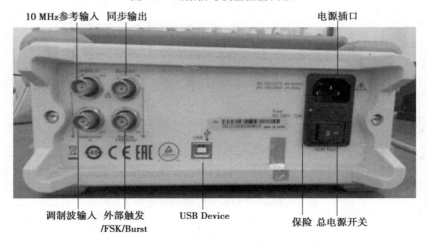

图 6-9　函数信号发生器后面板结构

3.函数信号发生器面板各部分的名称、作用

（1）模式/功能键及作用

DG1022U 型函数信号发生器模式/功能键共有 6 个,其作用见表 6-4。

表 6-4　DG1022U 型函数信号发生器模式/功能键及作用

模式功能键图标	模式功能键	含　义
Mod	Mod 按键	使用 Mod 按键,可输出经过调制的波形,并可以通过改变类型、内调制/外调制、深度、频率、调制波等参数,来改变输出波形
Sweep	Sweep 按键	使用 Sweep 按键,对正弦波、方波、锯齿波或任意波形产生扫描(不允许扫描脉冲、噪声和 DC)
Burst	Burst 按键	使用 Burst 按键,可以产生正弦波、方波、锯齿波、脉冲波或任意波形的脉冲串波形输出,噪声只能用于门控脉冲串
Store/Recall	Store/Recall 按键	使用 Store/Recall 按键,可存储或调出波形数据和配置信息
Utility	Utility 按键	使用 Utility 按键,可以设置同步输出开/关、输出参数、通道耦合、通道复制、频率计测量;查看接口设置、系统设置信息;执行仪器自检和校准(出厂时由专业人员完成)等操作
Help	Help 按键	使用 Help 按键,可查看帮助信息。要获得任何前面板按键或菜单按键的帮助信息,按下并按住该键 2~3 s,即可显示相关帮助信息

（2）其他功能键及作用

其他功能键及作用见表 6-5。

表 6-5　DG1022U 型函数信号发生器面板各部分名称及作用

功能键图标	名　称	作　用
	本地/视图切换（View）	通过前面板左侧的 View 按键实现三种显示模式的切换（单通道常规模式、单通道图形模式及双通道常规模式）
	电源开关	在总电源开关闭合时,按下该键,开关点亮,仪器启动进入工作状态
	波形选择键	从左至右依次为正弦波、方波、锯齿波、脉冲波、噪声波、任意波,按下对应按键点亮时有效
	菜单键	包括频率/周期、幅值/高电平、偏移/低电平、相位等菜单选项,通过对应按键进行选择
	通道切换按键	用户可通过该键来切换活动通道（CH1/CH2）,以便于设定每通道的参数及观察、比较波形
	数字键盘	直接输入需要的数值,改变参数大小
	方向键	用于切换数值的数位、任意波文件/设置文件的存储位置

功能键图标	名　称	作　用
	旋钮	改变数值大小,在 0~9 范围内改变某一数值大小时,顺时针转一格加 1,逆时针转一格减 1;用于切换内建波形种类、任意波文件/设置文件的存储位置、文件名输入字符
	输出使能键	使用 Output 按键可启用或禁用前面板的输出连接器输出信号。按下 Output 键时的通道显示"ON"且键灯被点亮 注意:在频率计模式下,CH2 对应的 Output 连接器作为频率计的信号输入端,CH2 自动关闭,禁用输出
	CH1/CH2 输出端	该端口连接 BNC 线,CH2 输出端兼做频率计的信号输入端
	USB Host 接口	可以连接并控制功率放大器(PA),将信号进行放大后输出,或外接存储设备,读取波形配置参数及用户自定义任意波形,升级软件读取调用相应指令

二、使用 DG1022U 型函数信号发生器设置波形

1.使用 DG1022U 型函数信号发生器从 CH1 通道输出波形

以使用 DG1022U 型函数信号发生器设置从 CH1 通道输出频率为 1 kHz,幅度为 $2V_{pp}$

的方波为例讲解其操作步骤。

①连接好电源插头及 BNC 线，BNC 线连接至 CH1 输出端时必须旋转到位，电源线与设备连接好，并接通市电。

②按下电源按键，确认仪器后面板电源开关已置于开机位置，按下点亮电源键。

③选择通道为 CH1，通过输出通道切换键，选择输出通道为 CH1。

④选择波形类别为方波，按下 Square 按键，按键点亮，方波选择成功。

⑤设置参数（频率 2 kHz、幅度 $2V_{pp}$）。

⑥按 View 键切换为图形显示模式。

⑦按下 Output 信号输出控制键输出方波信号。

⑧测量完毕，关机，整理仪器。

2.使用 DG1022U 型函数信号发生器从 CH2 通道输出连续可调波形

以使用 DG1022U 型函数信号发生器完成从 CH2 通道输出频率为 10~50 Hz 连续可调，幅度为 $2V_{pp}$ 的正弦波的设置为例讲解其操作步骤。

①连接好电源插头及 BNC 线，BNC 线连接至 CH2 输出端时必须旋转到位，电源线与设备连接好，并接通市电。

②按下电源按键，确认仪器后面板电源开关已置于开机位置，按下点亮电源键。

③选择通道为 CH2，通过输出通道切换键，选择输出通道为 CH2。

④选择波形类别为正弦波，按下 Sine 按键，按键点亮，正弦波选择成功。

⑤设置参数（频率 10 Hz、幅度 $2V_{pp}$）。

⑥按下 CH2 通道的 Output 键，使信号输出控制键输出正弦波信号。

⑦按 View 键切换为图形显示模式。

⑧选择连续调节数位，按右选位键，选择个位，向右缓慢调节旋钮。

⑨测量完毕，关机，整理仪器。

3.使用 DG1022U 型函数信号发生器的复制功能输出双通道信号

以使用 DG1022U 型函数信号发生器同时从 CH1、CH2 通道输出频率为 1 kHz，幅度为 $2V_{pp}$ 的正弦波的为例讲解其操作步骤。

①连接好电源插头及 BNC 线，连接好 CH1 和 CH2 通道的 BNC 线，电源线与设备连接好，并接通市电。

②按下电源按键，确认仪器后面板电源开关已置于开机位置，按下点亮电源键。

③设置 CH1 通道波形参数（频率 1 kHz、幅度 $2V_{pp}$）。

④点亮 Utility 按键，屏幕显示"耦合"项。

⑤选择耦合，屏幕显示"复制"项。

⑥选择复制，按下复制对应软键，屏幕显示"CH1-CH2""CH2-CH1"。

⑦选择"CH1-CH2"，按下"CH1-CH2"对应软键，屏幕显示"CH1-CH2"。

⑧按下确定对应软键，再次按下并熄灭 Utility 键。

⑨按 View 查看参数，按 View 键切换为双通道显示模式。

⑩分别按下 CH1、CH2 通道的 Output 信号输出控制键,输出正弦波信号。

⑪使用双踪示波器观测波形。

⑫测量完毕,关机,整理仪器。

任务评价

项　　目	配分/分	评价要点	自　评	互　评	教师评价	平均分
熟悉面板按钮	20	①能正确识别按钮得 10 分 ②正确说出各按钮功能得 10 分				
按钮名称和作用	20	①能正确说出按钮名称得 10 分 ②正确说出各按钮作用得 10 分				
设置从 CH1 通道输出波形	20	能正确输出波形得 20 分				
设置从 CH2 通道输出连续可调波形	20	能正确输出波形得 20 分				
使用复制功能输出双通道信号	20	能正确输出波形得 20 分				
材料、工具、仪表		①每损坏或者丢失一样扣 10 分 ②材料、工具、仪表没没有放整齐扣 10 分				
环境保护意识		每乱丢一项废品扣 10 分				
安全文明操作		违反安全文明操作(视情况扣分)				
额定时间		每超过 5 分钟扣 5 分				
开始时间		结束时间		实际时间		成绩	
综合评议意见(教师)						
评议教师				日期			
自评学生				互评学生			

习题六

一、填空

（1）DG1022U 是_____通道函数信号发生器，可输出_____种基本波形信号。

（2）通过前面板左侧的 View 按键实现_____、_____、_____三种显示模式的切换。

（3）V_{pp} 表示输出_____值，V_{rms} 表示输出_____值。

（4）高频抑制开关的作用是在测量_____信号时，滤除高频成分，提高测量精确度。

（5）点亮函数信号发生器的_____按键可编辑输出波形。

二、判断题

（1）DG1022U 函数信号发生器的 CH2 通道不支持 Mod 键功能。　　　　　（　　）

（2）点亮 PULSE 按键，函数信号发生器将输出锯齿波信号。　　　　　（　　）

（3）点亮"OUTPUT"按键，将关断对应通道信号输出功能。　　　　　（　　）

（4）对于有波形输出但与所设置波形不符的情况，需要注意输出使能端是否与菜单显示通道一致。　　　　　（　　）

（5）函数信号发生器在使用中进入屏保状态，需要重按电源键才能唤醒。　　（　　）

项目七

使用信号分析仪器

【知识目标】

- 了解扫频仪、频谱分析仪、数字频率计的结构、性能指标及其特点；
- 理解扫频仪、频谱分析仪、数字频率计的基本工作原理；
- 掌握扫频仪、频谱分析仪、数字频率计的使用方法和注意事项。

【技能目标】

- 会使用信号分析仪器测量无线电设备中某些电路的频率特性，能检查电气性能。

在电子测量中,我们经常会对网络的阻抗特性或传输特性进行测量,并对被测信号的频率、信号失真度、调制度、谱纯度、频率稳定度和交调失真等进行测量分析。本项目所使用的信号分析仪器能很好地完成上述任务。

任务一　使用扫频仪

任务分析

现场提供了 XPZ1252-BT3C 扫频仪 1 台、XJ4323 型双踪示波器 1 台、AS2294D 型毫伏表 1 只。请在认识扫频仪的基础上,完成下面内容:

①认识 XPZ1252-BT3C 扫频仪面板上的开关、旋钮的功能,熟悉其操作方法。

②输出平坦度的检测。

③检查电气性能。

④测量声表面滤波器带宽。

以两人为一组进行实验,并按要求完成实验。

知识准备

扫频仪是频率特性测试仪的简称,是专门用来测量无线电设备中某些电路的频率性的专用仪器。它不仅可以测定无线电设备中的宽带放大器、中频放大器、高频放大器等,而且还能测定电视机中的公共通道、伴音通道、视频通道及滤波器等有源和无源四端网络的频率特性。

一、扫频仪的基本组成

扫频仪的种类和型号较多,但其基本电路结构大致相同,都是由以下几部分电路组成。下面我们以 BT-3C 为例,主要介绍扫频仪的扫频信号发生器、频标信号发生器、扫描信号发生器、示波器、电源电路及配有检波器的同轴电缆等几个主要组成部分,如图 7-1 所示。

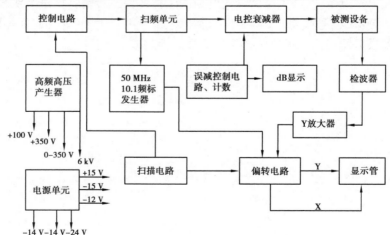

图 7-1　扫频仪的基本框图

二、扫频仪的基本概述

1.扫频信号的作用

扫频信号不同于音频信号和视频信号,也不同于一般的正弦波信号和脉冲信号。它是一种专门用来检测电路频率特性的信号,在其频率范围内按一定规律不断变化。

2.扫频信号的频率范围

扫频信号的频率范围必须与被测电路的工作频率一致。如电视机的中频信号频率范围为29~39 MHz,因此,用扫频仪检测该电路的频率特性时,输入到该电路的扫频信号的频率范围也必须为29~39 MHz。扫频仪的频率范围越宽,表明它适用的范围越广,性能越好。

3.频率特性曲线的显示

扫频仪可以看作是扫频信号发生器和示波器组合而成,其显示部分基本与示波器相同,被测电路的频率特性曲线在扫频仪上显示的过程如下:

①在 X 轴上加扫描电压,经调整后可以出现一条水平亮线,这是扫描基线(时基线),即如图 7-2(a)所示的 m 线。

②将从扫频仪输出的扫频信号通过电缆线送到扫频仪的 Y 轴输入端,在屏幕上又显示出一条与扫描基线平行的线,这条叫扫频线,即如图 7-2(b)所示的 n 线。

③屏幕上显示出扫频线是为显示被测电路的频率特性打基础,要显示电路的曲线就得先显示出对应的扫频线。例如要显示电视机中放电路的频率特性曲线,就要先将频率范围为29~39 MHz的扫频信号调整出来。而调这个频率范围的扫频信号必须要借助于"扫频线",再经调整后在屏幕上就会出现中放电路的频率特性曲线,如图 7-2(c)所示。

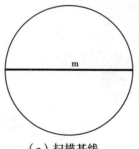 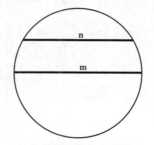 

|（a）扫描基线|（b）扫描基线与扫频线|（c）中放电路频率特性曲线|

图 7-2　屏幕上显示的内容

由此可以看出,扫频仪之所以能够显示出被测电路的频率特性曲线,是扫频信号与示波器共同作用的结果,这也就是扫频仪的基本工作原理。

④频标。扫频仪内部有个"频标信号发生器"产生频标信号,频标就是落在扫频线或曲线上的某点所对应的频率标记。频标有菱形的和针形的,通常显示菱形如图 7-3(a)、(b)所示。

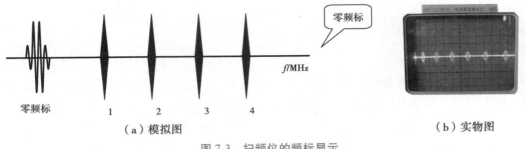

零频标

f/MHz

零频标   1   2   3   4

（a）模拟图   （b）实物图

图 7-3 扫频仪的频标显示

任务实施

一、BT-3C 扫频仪的使用

1.功能操作说明

BT-3C 扫频仪前面板图如图 7-4 所示,它的测试电缆配有 RF 输出电缆和 Y 输出电缆（具有检波功能）,如图 7-5(a)、(b)所示。

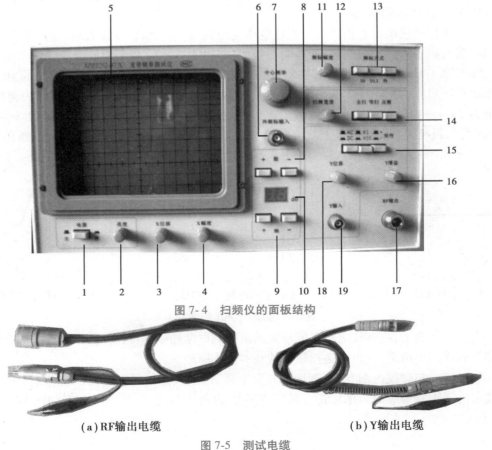

图 7-4 扫频仪的面板结构

（a）RF输出电缆   （b）Y输出电缆

图 7-5 测试电缆

2.BT-3C 型扫频仪面板功能的介绍(见表 7-1)

表 7-1　BT-3C 型扫频仪面板功能介绍

序　号	名　　称	主要功能
1	电源开关	按下接通电源
2	亮度	顺时针旋转增加图形亮度
3	X 位移	调整扫描线左右位移(微调)
4	X 幅度	调节扫描的宽度
5	屏幕	显示图形
6	外频标输入接口	接受外来信号作特定标记
7	中心频率	全扫时无调节作用,窄扫时调节中心频率
8	粗衰减按钮	从 0~70 dB 步进,"+"增大衰减量,"−"减小衰减量
9	细衰减按钮	从 0~9 dB 步进,"+"增大衰减量,"−"减小衰减量
10	衰减指示	显示衰减 dB 数
11	频标幅度	调节标记高度,顺时针方向为调高
12	扫频宽度	在窄扫时对扫频宽度进行调整,顺时针方向扫频宽度增大
13	频标方式按键	分晶体标记(50 MHz,10.1 MHz)和外标记
14	扫频方式按键	分"全扫、窄扫、点频"共三挡,按下选用
15	Y 轴显示按键	分"AC(交流)、DC(直流)",按下为 DC 挡;分"×1、×10",按下为"×10"挡;"+"按下为正极,"−"按下为负极
16	Y 增益	调节图形垂直方向的幅度大小,顺时针的幅度最高
17	RF 输出接口	输出 RF 扫频信号
18	Y 位移	调节图形垂直方向位置
19	Y 输入接口	接受检波后的电信号,放大显示在屏幕上

3.扫频仪的技术指标

BT-3C 型扫频仪主要性能指标见表 7-2。

表 7-2　BT-3C 型扫频仪主要性能指标

名　　称	指标参数
频率范围	全扫:1~300 MHz,中心频率为 150 MHz
	窄扫:中心频率 1~300 MHz,扫频宽度 1~40 MHz 连续可调
	点频(CW):在 1~300 MHz 范围可调,输出正弦波
扫频频偏	最大频偏大于±20 MHz,最小频偏小于±0.5 MHz

续表

名　称	指标参数
输出功率(电压)	在 1～300 MHz 范围内,0 dB 时 75 Ω 负载上大于或等于 3.33 mW
输出衰减	粗衰减:10 dB×7 步进,电控,数字显示
	细衰减:1 dB×9 步进,电控,数字显示
晶体标志	分 50 MHz,10.1 MHz 两种组合,最小幅度不小于 0.5 cm
外频标	输入信号电压应大于 300 mV_{P-P}
输出阻抗	75 Ω
非线性系数	不大于 7%(频偏±20 MHz)
电源条件	AC　220 V,50 Hz,仪器消耗的功率≤40 W
显示垂直偏转因数	优于 2 mV_{P-P}/DIV

4.仪器的使用方法

①扫频仪的检查、校正。仪器使用之前检查电源电压,按下电源开关,预热15 min,调节亮度电位器以得到适当的亮度,如图 7-6 所示。

(a)按下电源　　　　　　　　　(b)辉度调节

图 7-6　扫频仪检查、校正

②调聚焦旋钮以得到足够清晰的扫描线,并选择合适的输入极性和耦合方式,如图 7-7(a)所示。

③检查仪器内部频标部分,选择频标 50 MHz 或 10.1 MHz,此时扫描基线上呈现频标信号,调节频标幅度旋钮可以均匀地调节频标幅度,如图 7-7(b)所示。

(a)选择输入极性　　　　　　　(b)选择频标

图 7-7　输入极性和选择频标

温馨提示

（1）测试时注意输入、输出电缆和输入检波探头的接线尽量短，探头探针不应再另外接线。

（2）测试带有检波输出的被测设备时，可直接用输入电缆连接到 Y 输入端。如果被测设备带有直流电位，Y 轴输入应选择 AC 耦合方式，以免损坏仪器。

（3）如需要特殊的频率标记，可选择外频标，在外频标插座上加上所需的频率信号，此信号应大于 50 mV 有效值。

④频率范围的检测如图 7-8 所示。

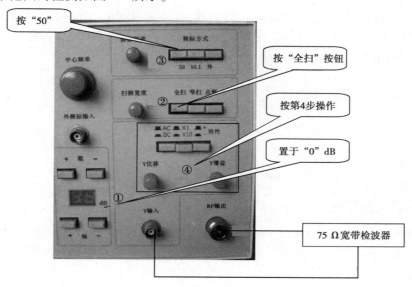

图 7-8　频率范围选择

第 1 步，将粗、细衰减器置于 0 dB。

第 2 步，扫频方式按键选用"全扫"频标方式。

第 3 步，按键选用 50 MHz，75 Ω RF 宽带检波器接 RF 输出口，再用 50 Ω 连接电缆将检出的信号送到 Y 输入口。

第 4 步，极性选择开关放在"+"位置，这时调节 Y 位移和 Y 增益，可得到正确波形，如果选 Y 倍率开关为"×10"挡，这时可得到 13 个频标。

5.扫频线性的检查

如图 7-9 所示，扫频方式选用"窄扫"，频标置于 10.1 MHz，扫频宽度电位器调至最大，如测试屏幕上相邻频标之间的间隔比应小于 1∶1.3，说明线性好，否则扫频线性差。

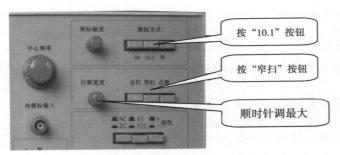

图 7-9　扫频线性检查

6.输出功率(电压)的检查

在 RF 输出口接入 75 Ω/50 Ω 阻抗转换器,再接入 GX2B 小功率计,扫频仪输出衰减器置于 0 dB,扫频方式置于"点频"(CW),旋动中心频率为 150 MHz 左右,测试输出功率应满足 3.33 mW±10%。

二、BT-3C 型扫频仪的应用

1.测量声表面滤波器带宽

图 7-10　LBN38 声表面滤波器

如图 7-10 所示为 LBN38 声表面滤波器,其中 1,2 两脚为输入端,3,4 两脚为输出端。

首先,打开电源,调节亮度旋钮,使屏幕上面有清晰的扫频线。其次,将显示方式置于 DC,倍率"×1",扫频方式为"全扫"、频标方式为"50"。然后,调节 X 位移旋钮,X 幅度旋钮。使零频标显示出来,并尽量使频标与屏幕垂直网格重合,调 Y 位移使基线与水平网格重合,Y 增益调至 5 DIV,以便识读,如图 7-11 所示。

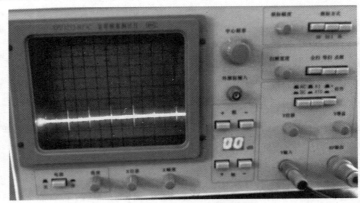

图 7-11　扫频基线

再按图 7-12 所示连接并将 RF 扫频输出口通过 RF 输出电缆接声表面滤波器的输入端,然后声表面滤波器的输出端再接 Y 输入电缆后送给 Y 输入口。

图 7-12　连接方法

最后,适当调节扫频宽度旋钮进行测量,得到波形如图 7-13 所示,直读频标,确定其宽带为 37~39 MHz。

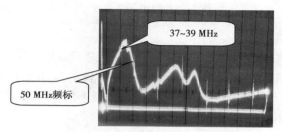

图 7-13　LBN38 声表面滤波器波形图

2.检测输出平坦度

按图 7-14 连接,扫频方式为"全扫",找出检波放大后显示的包络线的最高点和最低点之间间隔的大小,再检查包络线上任一点去减1 dB所得的值是否小于±0.25 dB,小于说明输出平坦度符合要求,并把波形图绘制在图 7-15 中。

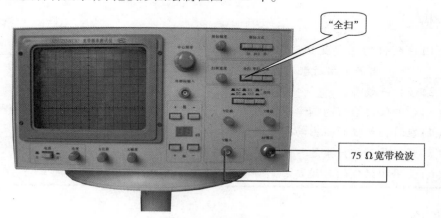

图 7-14　输出平坦度的检测

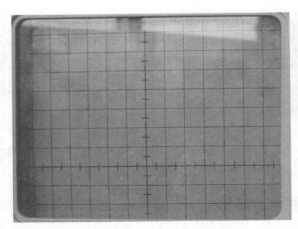

图 7-15　输出平坦度波形

3.电气性能的检查

检查扫频仪的各项电气性能,并将检查结果填入表 7-3 中。应当注意,AS2294D 型毫伏表的频率范围为 5 Hz ~ 2 MHz,所以在测量扫频仪的输出电压时,其频率不能高于 2 MHz,否则会出现很大的测量误差,当要测量更高频率的输出电压时,可用 XJ4323 型双踪示波器测量,但其频率也不能超过 20 MHz。

表 7-3　检查电气性能

项　目	扫频范围	非线性系数	扫频输出电压
检查结果			

做一做

(1)扫频仪的主要组成部分包括＿＿＿＿＿＿、＿＿＿＿＿＿、＿＿＿＿＿＿、
＿＿＿＿＿＿、电源电路及配有检波器的同轴电缆等组成。

(2)频标一般有:＿＿＿＿＿＿和＿＿＿＿＿＿两种形状。

(3)扫频仪按扫频的频率范围分为:＿＿＿＿＿＿、＿＿＿＿＿＿、低频扫频仪。

(4)在对扫频仪的输出功率检查时,扫频仪输出衰减器置于＿＿＿＿＿＿ dB。

(5)频标是如何产生的? 试简述其形成的过程?

(6)使用扫频仪的时候要注意哪些事项?

任务评价

对扫频仪的使用情况,根据下表中的要求进行评价。

项　目	配分/分	评价要点	自　评	互　评	教师评价	平均分
测量声表面滤波器带宽	10	①操作过程 6 分； ②结果 4 分				
检测输出平坦度	10	①操作过程 4 分； ②结果 3 分； ③绘图 3 分				
电气性能的检查	20	①操作过程 8 分； ②结果 6 分； ③填表格 6 分				
材料、工具、仪表		①每损坏或者丢失一样扣 10 分； ②材料、工具、仪表没有放整齐扣 10 分				
环境保护意识		每乱丢一项废品扣 10 分				
节能意识		用完扫频仪未断电扣 10 分				
安全文明操作		违反安全文明操作（视其情况进行扣分）				
额定时间		每超过 10 min 扣 5 分				
开始时间		结束时间		实际时间		成绩
综合评议意见（教师）						
评议教师				日期		
自评学生				互评学生		

知识扩展

扫频仪的分类

目前使用的扫频仪种类较多，按不同的特性和功能可分为以下基本类型。

①按操作方式分：数字型和模拟型，如图 7-16 所示。

（a）数字型扫频仪　　　　　　　　（b）模拟型扫频仪

图 7-16　按操作方式分

②按扫频的频率范围分为：超高频扫频仪、高频扫频仪、低频扫频仪，如图 7-17 所示。

③按扫频的用途分为：彩电扫频仪、音频扫频仪、宽带扫频仪等。

（a）超高频扫频仪

（b）高频扫频仪

（c）低频扫频仪

图 7-17　按扫频频率分

任务二　使用频谱分析仪

任务分析

　　现场提供了安泰 AT5010B 型频谱分析仪 1 台、电视信号发生器 1 台、单片机电路板 1 块、手机电路主板 1 块。在认识频谱分析仪基础上，完成下面内容：

　　①测量电视信号发生器所产生的射频信号的频谱；

　　②测量电视信号发生器所产生的视频信号的频谱；

　　③测量电路板上晶振的信号频谱。

知识准备

认识频谱分析仪

　　频谱分析仪在国外被当作频域中的"射频万用表"，如图 7-18 所示，由此可见它的重要性及应用范围之广。

图 7-18　频谱分析仪

　　在国内，频谱分析仪一直主要应用在军事、国防及科研等高层领域，是一个高档的仪器。但随着通信的发展和普及，频谱分析仪可以很好地对遥控器、对讲机、发射接收机、无绳电话、有线电视 CATV 及通信机等有线、无线系统进行检查及信号频率的分析比较。下面以安泰 AT5010 频谱分析仪为例为大家详细介绍。

知识窗

无线功率 mW 和 dBm 的换算

无线电波的发射功率是指在给定频段范围内的能量,通常有两种衡量或测量标准。

功率(W):相对 1 瓦(Watts)的线性水准。例如,WiFi 无线网卡的发射功率通常为 0.036 W,或者说 36 mW。

增益(dBm):相对 1 毫瓦(milliwatt)的比例水准。例如,WiFi 无线网卡的发射增益为 15.56 dBm。

功率单位 mW 和 dBm 的换算:

$$dBm = 10 \times \log(mW)$$

$$mW = 10\left(\frac{dBm}{10}\right)$$

在无线系统中,天线被用来把电流波转换成电磁波,在转换过程中还可以对发射和接收的信号进行"放大",这种能量放大的度量成为"增益(Gain)"。

天线增益的度量单位为"dBi"。由于无线系统中的电磁波能量是由发射设备的发射能量和天线的放大叠加作用产生,因此度量发射能量最好使用同一度量——增益(dB)。例如,发射设备的功率为 100 mW,或 20 dBm;天线的增益为 10dBi,则:

发射总能量 = 发射功率(dBm)+ 天线增益(dBi)= 20 dBm + 10 dBi = 30 dBm = 1 000 mW= 1 W

在"小功率"系统中(例如无线局域网络设备)每个 dB 都非常重要,特别要记住"3 dB 法则"。每增加或降低 3 dB,意味着增加一倍或降低一半的功率,如:-3 dB = 1/2 功率-6 dB = 1/4 功率 +3 dB = 2x 功率 +6 dB = 4x 功率。例如:

10 W 的无线发射功率为 40 dBm;

6.4 W 的无线发射功率为 38 dBm;

3.2 W 的无线发射功率为 35 dBm;

1.6 W 的无线发射功率为 32 dBm;

800 mW 的无线发射功率为 29 dBm;

400 mW 的无线发射功率为 26 dBm;

200 mW 的无线发射功率为 23 dBm;

100 mW 的无线发射功率为 20 dBm;

50 mW 的无线发射功率为 17 dBm。

一、安泰 AT5010 频普分析仪的特点和性能指标

1.安泰 AT5010 频普分析仪的特点

（1）高灵敏度

安泰 AT5010 频谱分析仪最低能测到 2.24 μV，即−100 dBm。而一般示波器只能测到 1 mV，频率计则要在20 mV以上，跟频谱仪比较相差10 000倍。由于频谱分析仪的高灵敏度，在频谱分析仪上万分之一的失真都能看出来。

（2）频率高、频带宽

安泰 AT5010 频谱分析仪频率范围在 0.15～1 000 MHz 内，还有 3 GHz、8 GHz，12 GHz 等其他系列产品，而一般示波器在100 MHz之内，而且价格非常昂贵。

（3）频率、幅度测量及对比特性

安泰 AT5010 频谱分析仪可同时测量多种（理论上是无数个）频率及幅度，Y 轴表示幅度，X 轴表示频率。因此，能直观地对信号的组成进行频率幅度和信号比较，这种对比性的测量，示波器和频率是无法完成的。

2.安泰 AT5010 频谱分析仪性能指标

AT5010 型频谱分析仪性能指标见表 7-4。

表 7-4　AT5010 型频谱分析仪性能指标介绍

性　能	指标参数
频率	频率范围：0.15～1 050 MHz
	中心频率显示精度：±100 kHz
	频率显示分辨率：100 kHz
	扫频宽度：100 kHz/格～100 MHz/格
	中频带宽（−3 dB）：400 kHz 和 20 kHz
	扫描速率：43 Hz
	频率稳定度：优于 150 Hz/h
幅度	幅度范围：−100～+13 dBm
	屏幕幅度显示范围：80 dB（10 dB/格）
	参考电平：−27～13 dBm（每级 10 dB）
	参考电平精度：±2 dB
输入	平均噪声电平：−99 dBm 输入阻抗：50 Ω　最大输入电平：+10 dBm、+25 V（DC）
	衰减器：0～40 dB　输入衰减精度：±1 dBm

二、频谱分析仪的组成

频谱分析仪的主要组成框图如图 7-19 所示。

频谱仪主要由接收机(混频、中频放大、检波、Y 放大)和示波器(扫频振荡、锯齿波扫描、X 放大)等组成。

频谱仪接收机部分是按外差方式来选择所需频率分量,这与超外差收音机原理是相同的,其特点是中频固定,只要改变本机振荡器频率即能达到选频的目的。

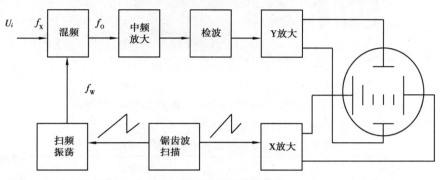

图 7-19 频谱分析仪的主要组成

三、安泰 AT5010B 频谱分析仪工作过程

安泰 AT5010B 频谱分析仪实际上是一个 3 次变频的超外差式扫频接收机。被测信号先被加到第一混频器,在其内与一个压控振荡器来的信号电压混频(这一振荡器被称作第一本振(本地振荡器),该振荡器和输入频率之差为第一中频)。然后它通过调谐 1 350 MHz 上的带通滤波器滤波,进入放大器,再经过二级混频器和放大器。在到幅度解调器之前,先选择性地通过一个400 kHz 或20 kHz 的带通滤波器,信号再通过一个低通滤波器送到 Y 轴放大器,该放大器输出连到 CRT 的 Y 偏转板。

X 偏转是由斜波发生器电压驱动。此电压与一直流电压合成后去控制第一本振。频谱仪扫描的频率范围取决于斜波的高度。扫描由扫频宽度调节按键控制。在"0"扫频宽度模式时,只有直流电压控制第一本振。

四、安泰 AT5010 频谱分析仪面板功能介绍

安泰 AT5010B 频谱分析仪面板功能示意图如图 7-20 所示。

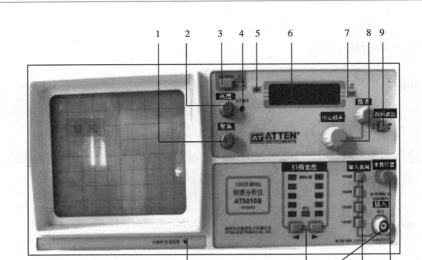

图 7-20　安泰 AT5010B 频谱分析仪面板功能示意图

AT5010 型频谱分析仪面板功能介绍见表 7-5。

表 7-5　AT5010 型频谱分析仪面板功能介绍

序　号	名称与面板标注	主要功能
1	聚焦旋钮（FOCUS）	光点锐度调节
2	亮度旋钮（INTENS）	光点亮暗调节
3	电源开关（POWER） 通：ON、断：OFF	当电源打到 ON 处后，约经 10 s 将有光束出现；OFF 表示电源断开
4	轨迹旋钮（TR）	使水平扫描线与水平刻度线基本对齐
5	中心频率/标记（CF/MK）	当数字显示中心频率时，中心频率指示灯亮
6	数字显示器	100 kHz 分辨率，显示频标所在位置的频率值
7	校准失效指示灯	此灯用来指示是否校准，灯闪亮时校准失效（调节扫频宽度和滤波器的配合），灯灭表示已校准
8	中心频率粗调/细调 （CENTFERQ/FINE）	两旋钮均用于调节中心频率，中心频率是指显示在屏幕水平中心处的频率
9	视频滤波器 （VIDEO FILTER）	降低屏幕上的噪声
10	垂直位置（Y-POS）	调节射速垂直方向移动
11	输入衰减器	用来衰减输入信号，有 4 个按钮（每个衰减10 dB），如按下一个衰减10 dB，按下两个衰减20 dB
12	输入接口（INPUT 50 Ω）	输入需检测的信号
13	扫频宽度（SCANWIDTH）	用来调节水平轴的每格扫频宽度。按右键，右边指示灯指出相应的扫频宽度；按左键，左边指示灯指出相应的扫频宽度
14	X（频率）	位置校零

任务实施

一、测量电视信号发生器发出的射频信号

①打开频谱分析仪的电源开关,调节亮度和聚焦旋钮,使屏幕上显示的光迹清晰,如图 7-21 所示。

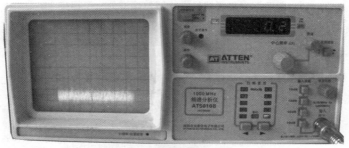

图 7-21　打开电源并调节

②调节扫频宽度选择按钮,使"1 MHz"的指示灯亮,表示每格所占频率为1 MHz,再调节中心粗调/细调调节按钮,使频标位于屏幕的中心位置,所指频率为90 MHz左右,如图 7-22 所示。

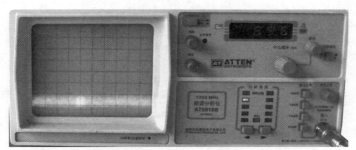

图 7-22　调节扫频宽度选择按钮和中心粗调/细调调节按钮

③将电视信号发生器的输出调到 L 频段,将电视信号发生器从射频端输出,并接入频谱分析仪的输入端,如图 7-23 和图 7-24 所示。

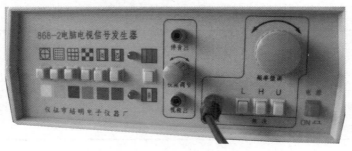

图 7-23　选择 L 频段

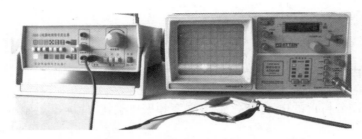

图 7-24　电视信号发生器与频谱分析仪相接

④适当对调节电视信号发生器的频率进行微调,便可在频谱分析仪上显示出频谱,如图 7-25 所示。

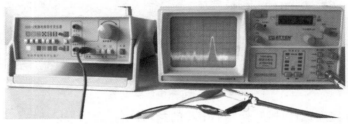

图 7-25　微调频率显示频谱

⑤调节频谱分析仪的中心频率旋钮,使频谱的最顶点处于水平中心位置,如图 7-26 所示。

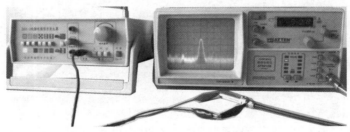

图 7-26　调整频谱位置

测量显示结果为,在被测信号中有频率为 90.8 MHz 的射频电视信号,幅度为 −57 dBm。

做一做

（1）AT5010B 型频谱分析仪,每次重新开机时,默认的宽度为＿＿＿＿＿＿＿＿。

（2）当频谱分析仪的输入信号过大时,应该按下＿＿＿＿＿＿＿＿按钮,如果按下 4 个按钮,分析信号幅度时应加上＿＿＿＿＿＿＿＿ dBm。

二、测量电视信号发生器输出的视频信号

①打开频谱分析仪的电源开关,调节亮度和聚焦旋钮,使屏幕上显示的光迹清晰,如图 7-27 所示。

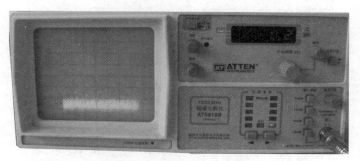

图 7-27 调节亮度和聚焦旋钮

②调节扫频宽度选择按钮,使 0.5 MHz 的指示灯亮,表示每格所占频率为0.5 MHz,调节中心粗调/细调调节按钮,使频标位于屏幕的中心位置,所指频率为6 MHz左右,如图 7-28所示。

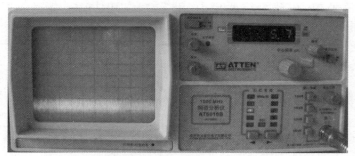

图 7-28 调节频标位于中心位置

③将电视信号发生器从视频端输出,并接入频谱分析仪的输入端,如图7-29 所示。

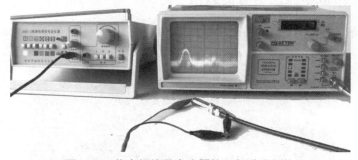

图 7-29 将电视信号发生器接入频谱分析仪

④调节频谱分析仪的中心频率旋钮,使频谱的最顶点处于水平中心位置,如图 7-30 所示。

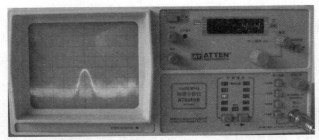

图 7-30　调节中心频率旋钮使频谱处于水平中心位置

⑤为了更好地观察频谱,将扫描宽度调为 0.1,并按下视频滤波,如图 7-31 所示。

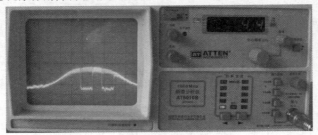

图 7-31　调节扫描宽度

测量显示结果为,在被测信号中有频率为 4.4 MHz 色副载波频的信号,幅度为 −60 dBm,说明电视信号发生器已经输出了视频信号。

做一做

（1）AT5010B 型频谱分析仪的最大输入幅度为_____,输入的阻抗为_____Ω。能测量的频率范围为_____ MHz 至_____ MHz。

（2）当信号的频谱线最高点处于水平中心线上时,如果中频率显示为 240,说明信号的频率为_____。

三、测量电路板中振荡信号的频谱

①打开频谱分析仪的电源开关,调节亮度和聚焦旋钮,使屏幕上显示的光迹清晰,如图 7-32 所示。

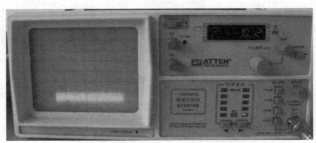

图 7-32　调节亮度和聚焦旋钮

②调节扫频宽度选择按钮,使"1 MHz"的指示灯亮,表示每格所占频率为1 MHz,调节中心粗调/细调调节按钮,使频标位于屏幕的中心位置,所指频率为12 MHz左右,如图7-33所示。

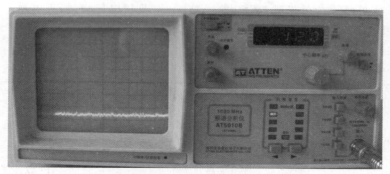

图 7-33 调节扫频宽度并使频标位于屏幕中心

③在电路板上找到振荡电路中的晶振,从晶振两端接入频谱分析仪探头的输入端,如图 7-34 和图 7-35 所示。

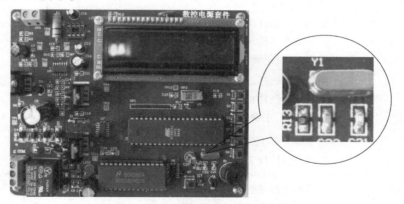

图 7-34 在振荡电路中找到晶振

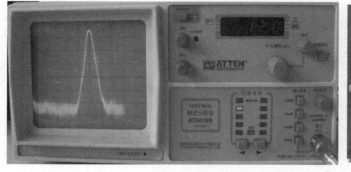

图 7-35 晶振与频谱分析仪相接

测量显示结果为,在被测信号中有频率为12 MHz的信号,幅度为−32 dBm,说明此电路的振荡电路工作正常。

做一做

（1）在使用频谱分析仪时，可以用_____旋钮进行初调，可以用_____旋钮进行微调。

（2）在使用频谱分析时，可以使用_____滤波旋钮，滤除_____信号，更便于观察显示屏幕。

任务评价

对频谱分析仪的使用情况，根据下表的要求进行评价。

项　目	配分/分	评价要点	自　评	互　评	教师评价	平均分
测量射频信号频谱	30	①中心频率选择正确得 5 分； ②扫频宽度选择正确得 5 分； ③读数、分析正确得 20 分				
测量视频信号频谱	40	①中心频率选择正确得 5 分； ②扫频宽度选择正确得 5 分； ③读数、分析正确得 30 分				
测量振荡电路频谱	30	①中心频率选择正确得 5 分； ②扫频宽度选择正确得 5 分； ③读数、分析正确得 20 分				
材料、工具、仪表		①每损坏或者丢失一样扣 10 分； ②材料、工具、仪表没有放整齐扣 10 分				
环境保护意识		每乱丢一项废品扣 10 分				
节能意识		用完频谱分析仪，未关闭电源扣 10 分				
安全文明操作		违反安全文明操作（视其情况进行扣分）				
额定时间		每超过 5 min 扣 5 分				
开始时间		结束时间		实际时间		成绩
综合评议意见（教师）						
评议教师				日期		
自评学生				互评学生		

知识扩展

一、频谱分析仪的种类

生产频谱分析仪的厂家有惠普、马可尼、惠美以及国产的安泰信等。

①按操作可分为：手持式、数字型、模拟型频谱分析仪，如图7-36所示。

　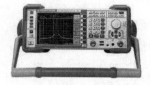　

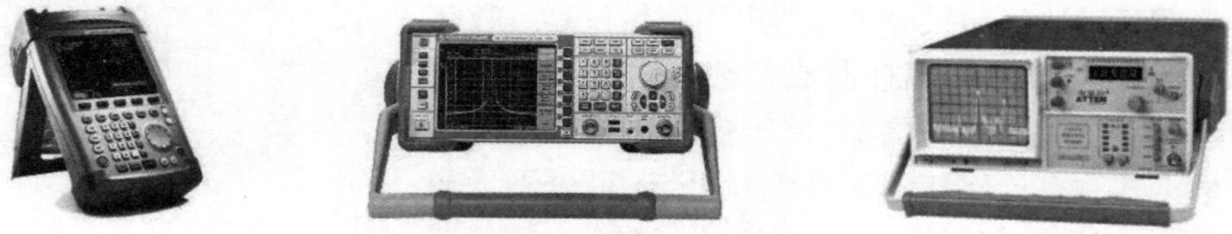

（a）手持式　　　　　　　（b）数字型　　　　　　　　（c）模拟型

图7-36　按操作分

②按频率范围可分为：超高频频谱分析仪、高频频谱分析仪、低频频谱分析仪。

二、频谱分析仪基本工作原理

扫频振荡器的内部振荡源，它受锯齿波扫描电压的调制，当扫频振荡器的频率 f_w 在一定范围内变化时，输入信号中的各频率分量 f_x 与其产生差频信号：$f_o=f_w-f_x$，并通过中放放大（这个频带是固定的，这里的中频放大器相当于固定带通滤波器）获得中频增益，经检波后送到 Y 放大器，使亮点在屏幕上的垂直偏移正比于该频率分量的幅值。

扫描电压在调制振荡电路的同时，又驱动 X 放大器，所以就在屏幕上显示出被测信号的线性频谱图。

为了获得较高的灵敏度和频率分辨率，在实际频谱仪中常采用多次变频的方法，以便在几个中频率上进行电压放大。

任务三　使用数字频率计

任务分析

现场提供了 NFC-1000-C-1 型多功能频率计 1 台、信号发生器 1 台、振荡电路板 1 块。请在认识的基础上，完成下面各项内容：

①用数字频率计测量函数信号发生器输出的方波信号、测量信号的频率和周期。

②用数字频率计测量函数信号发生器输出的正弦波信号、测量信号的频率和周期。

③用数字频率计测量多谐振荡输出信号的频率和周期。

④用数字频率计测量多电路板晶振两端信号的频率和周期，并使用计数功能。

知识准备

一、频率计概述

数字频率计又叫频率计数器（见图 7-37），它是一种用电子学方法测出一定时间间隔内输入的脉冲数目，并以数字形式显示测量结果的多功能电子测量仪器。数字式频率计是应用计数法原理制成的数字式频率测量仪器，它具有精度高、测量范围宽、便于自动化测量等突出特点。数字式频率计除用作频率测量外，还可以测量与之有关的多种参量，如周期、频率比以及记数等。该仪器

图 7-37　数字频率计

主要用于实验室、工矿企业、大专院校、生产调试之用。下面以 NFC-1000C-1 型频率计为例进行介绍。

二、频率计的组成与特点

1.组成

频率计主要是由：A 通道（100 MHz 通道）、B 通道（1 500 MHz 通道）、系统选择控制门、同步双稳以及 E 计数器、T 计数器、MUP 微处理器单元、电源组成。

2.特点

NFC-1000C-1 型多功能计数器的测量范围为 1 Hz～1 000 MHz（最高可达1 500 MHz），采用 8 位高亮度 LED 数码管显示，具有体积小、重量轻、灵敏度高、全频段等精度测量、等位数显示的特点。高稳定性的石英晶体振荡器，保证了测量精度和全输入信号的测量。本仪器有 4 个主要功能：A 通道测频、B 通道测频、A 通道测量周期和 A 通道计数。其全部测量都采用单片机 AT89C51 进行智能化控制和数据处理。

三、频率计基本工作原理

频率计进行频率、周期测量是采用等精度的测量原理，即在预定的测量时间内对被测信号周期个数进行测量，分别由 E 计数器累计周期个数，同时 T 计数器累计时钟个数，然后由微处理器进行数据处理。

根据上述原理，可知本机的闸门时间实际上是预选时间，实际测量时间为被测信号的整周期数（总比预选时间长）。当被测信号的单周期时间超过预选时间，则实际测量时间为被测信号的一个周期时间。

四、数字频率计面板功能介绍

NCF-1000C-1 型面板功能示意图如图 7-38 所示。

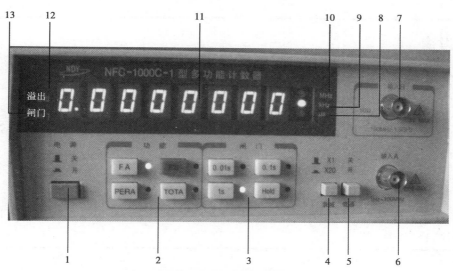

图 7-38　频率计的面板

NCF-1000C-1 型频率计面板功能介绍见表 7-6。

表 7-6　NCF-1000C-1 型频率计面板功能

序　号	名　称	主要功能
1	电源开关	接通电源(按下是接通,弹出是断开)
2	功能选择键	选择不同的测量方式,FA:输入接至 A 通道;FB:输入接至 B 通道;PERA:测量周期;TOTA:计数开始
3	闸门时间键	选择闸门时间,有 4 种闸门时间(0.01 s,0.1 s,1 s和 hold 保持),不同的闸门时间将得到不同的分辨率
4	衰减键	衰减 A 通道的输入信号,按下是衰减 20 倍
5	低通滤波器	对输入信号进行滤波,提高低频段测量的准确性和稳定性;提高抗干扰性能
6	A 通道输入端	用于频率为 1 Hz～100 MHz 的信号输入。当信号幅度大于300 mv 时,应按下"衰减开关 ATT";当信号频率低于100 kHz 时,应按下低通滤波器进行测量
7	B 通道输入端	用于频率大于 100 MHz 的信号输入
8	μs 指示灯	指示进入周期测量,测量周期时灯亮,不测时灯灭
9	kHz 指示灯	被测信号频率小于 1 MHz 时,自动点亮
10	MHz 指示灯	被测信号频率等于或大于 1 MHz 时,自动点亮
11	数据显示窗口	显示测量结果,最大显示 8 位数字
12	溢出指示	显示超过 8 位数时灯亮
13	闸门指示	灯亮表示机器正在测量,灯灭表示测量结束

知识窗

　　计数器挡位选择

　　①根据被测信号的频率范围选择"FA"或"FB"通道。1 Hz~100 MHz选"输入A"端口,100 MHz~1.5 GHz选"输入B端口"。

　　②"FA"测量信号接至A输入通道口,按"FA"功能键;"FB"信号接至B输入通道口,接"FB"功能键。

　　③"FA"测量信号幅度大于30 mv(均方根值),衰减开关置"×20"位置。

　　④输入信号频率若低于100 kHz,则低通滤波器置于"开"位置。

　　⑤根据所需的分辨率选择适当的闸门。预选时间(0.01 s,0.1 s或1 s)闸门预选时间越长,分辨率越高。

任务实施

　　测量前,接通频率计电源,将仪器预热20 min,以保证晶体振荡频率稳定。

一、测量函数信号发生器发出2.3 kHz,幅度为3 V方波信号的频率和周期

测频率操作步骤如下(见图7-39):

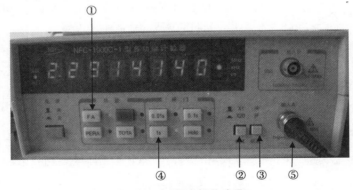

图7-39　测频率操作步骤

　　①按下"FA"功能键。

　　②按下衰减开关置"×20"位置。

　　③按下低通滤波器置于"开"位置。

　　④时间闸门选择"1 s"。

　　⑤将被测信号接至A输入通道口。

　　此时显示屏显示为此信号的频率,显示为2.29 kHz(见图7-40);按下"PERA"功能选择键(见图7-41),此时显示屏上显示此信号的周期为435.9 μs。

图 7-40 频率显示

图 7-41 周期测试

做一做

（1）数字频率计又称_____。

（2）数字频率计的功能选择键有_____、_____、_____和
_____ 4 个选择铵键。

（3）数字频率计的闸门时间键为_____、_____、_____和
_____ 4 个选择铵键。

**二、测量函数信号发生器发出 2.256 MHz，幅度为 2 V 正弦波信号的频率
和周期**

测试频率操作步骤如下（见图 7-42）：

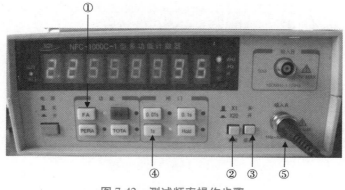

图 7-42 测试频率操作步骤

171

①按下"FA"功能键。

②按下衰减开关置"×20"位置。

③按下低通滤波器置于"关"位置。

④时间闸门选择"1 s"。

⑤将被测信号接至 A 输入通道口。

此时显示屏显示的是此信号的频率,显示为2.255 MHz(见图 7-42);按下"PERA"功能选择键,此时显示屏上显示此信号的周期为0.443 2 μs,如图 7-43 所示。

图 7-43 测试周期

做一做

(1)数字频率器输入 150 MHz,5 V 的信号,要检测其频率应该选择＿＿＿＿＿＿＿＿输入端,功能键应选择＿＿＿＿＿＿＿＿,闸门应选择＿＿＿＿＿＿＿＿。

(2)数字频率器输入 500 MHz,0.5 V 的信号,要检测其周期应该选择＿＿＿＿＿＿＿＿输入端,功能键应选择＿＿＿＿＿＿＿＿,闸门应选择＿＿＿＿＿＿＿＿。

三、测量多谐振荡电路输入信号的频率和周期,并使用其计数功能

测量操作步骤如下(见图 7-44):

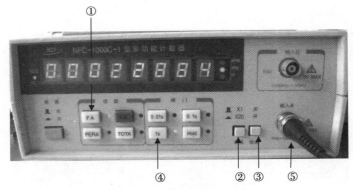

图 7-44 测频率操作步骤

①按下"FA"功能键。

②按下衰减开关置"×20"位置。

③按下低通滤器置于"开"位置。

④时间闸门选择"1 s"。

⑤将被测信号接至 A 输入通道口。

此时显示屏显示的是此信号的频率(见图 7-46),显示为0.002 2 kHz(2.2 Hz);按下"PERA"功能选择键(见图 7-46),此时显示屏上显示此信号的周期为435 738.7 μs(0.43 s);按下"TOTA"功能选择键可以对信号进行计数(见图 7-47)。

图 7-45 测量频率

图 7-46 测量周期

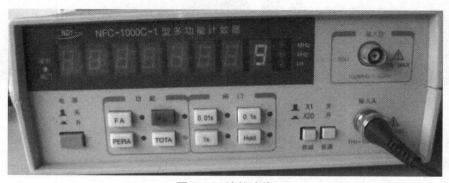

图 7-47 计数功能

知识窗

计数功能

(1)功能选择模块按"TOTA"键一次,输入信号接入 A 输入通道口。

(2)根据输入信号频率高低和输入信号幅度大小,决定低通滤波器和衰减器所处的位置。

(3)"TOTA"键再按一次,则计数控制门关闭,计数停止。

(4)当计数值超过 8 位后,则溢出指示灯亮,表示计数器已计满,显示已溢出,而显示的数值为计数器的累计尾数。

做一做

(1)数字频率计输入 15 Hz,5 V 的信号,要检测其频率应该选择_____输入端,功能键应选择_____,闸门应选择_____。

(2)要使用数字频率计的累计计数功能,应该选择_____输入端,功能键应选择_____。

四、测量电路板上晶振两端信号的频率和周期

测量频率操作步骤如下(见图 7-48):

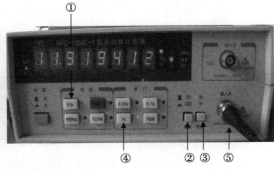

图 7-48　测量频率操作步骤

①按下"FA"功能键。

②按下衰减开关置"×20"位置。

③按下低通滤波器置于"开"位置。

④时间闸门选择"1 s"。

⑤将被测信号接至 A 输入通道口。

此时显示屏显示的是此信号的频率(见图7-48),显示为11.91 kHz;按下"PERA"功能选择键(见图7-49),此时显示屏上显示此信号的周期为0.083 9 μs。

图7-49 测量周期

做一做

(1)计数器输入 10 kHz,5 V 的信号,要检测其频率应该选择＿＿＿＿＿＿输入端,功能键应选择＿＿＿＿＿＿,闸门应选择＿＿＿＿＿＿。

(2)计数器输入 100 kHz,0.5 V 的信号,要检测其周期应该选择＿＿＿＿＿＿输入端,功能键应选择＿＿＿＿＿＿,闸门应选择＿＿＿＿＿＿。

任务评价

对频率计的使用情况,根据下表的要求进行评价。

项 目	配分/分	评价要点	自 评	互 评	教师评价	平均分
测方波频率	20	①挡位选择正确得6分; ②量程选择正确得6分; ③读数正确得8分				
测方波周期	20	①挡位选择正确得6分; ②量程选择正确得6分; ③读数正确得8分				
测正弦波频率、周期	20	①挡位选择正确得6分; ②量程选择正确得6分; ③读数正确得8分				
测多谐振荡脉冲频率、周期、计数	20	①挡位选择正确得6分; ②量程选择正确得6分; ③读数正确得8分				

续表

项 目	配分/分	评价要点	自 评	互 评	教师评价	平均分
测晶振频率、周期	20	①挡位选择正确得 2.5 分； ②量程选择正确得 2.5 分； ③接点连接正确得 2.5 分； ④读数正确得 2.5 分				
材料、工具、仪表		①每损坏或者丢失一样扣 10 分； ②材料、工具、仪表没有放整齐扣 10 分				
环境保护意识		每乱丢一项废品扣 10 分				
节能意识		用完后未关断频率计电源扣 10 分				
安全文明操作		违反安全文明操作(视其情况进行扣分)				
额定时间		每超过 5 min 扣 5 分				
开始时间		结束时间		实际时间		成绩	
综合评议意见(教师)						
评议教师				日期		
自评学生				互评学生		

知识扩展

频率计基本工作原理

数字频率计是一种用数字显示的频率测量仪表,它不仅可以测量正弦信号、方波信号和尖脉冲信号的频率,而且还能对其他多种物理量的变化频率进行测量。诸如机械振动次数,物体转动速度,明暗变化的闪光次数,单位时间里经过传送带的产品数量,等等。这些物理量的变化情况可以用有关传感器先转变成周期变化的信号,然后用数字频率计测量单位时间内变化次数,再用数码显示出来。

工作过程如图 7-50 所示,被测量信号经过放大与整形电路传入十进制计数器,变成其所要求的信号,此时数字频率计与被测信号的频率相同,时基电路提供标准时间基准信号,此时利用所获得的基准信号来触发控制电路,进而得到一定宽度的闸门信号,当 1 s 信号传入时,闸门开通,被测量的脉冲信号通过闸门,其计数器开始计数,当 1 s 信号结束时闸门关闭,停止计数。根据公式得被测信号的频率 $f = N$ Hz。

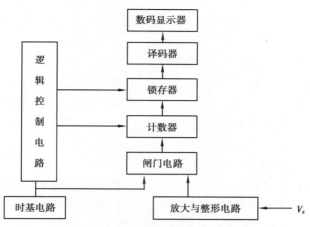

图 7-50　数字频率计系统原理方框图

逻辑控制电路的一个重要作用是在每次采样后还要封锁主控门和时基信号输入,使计数器显示的数字停留一段时间,以便观测和读取数据。简而言之,控制电路的任务就是打开主控门计数,关上主控门显示,然后清零,这个过程不断重复进行。

习题七

一、填空

(1)频域测量的主要仪器有＿＿＿＿＿＿＿和＿＿＿＿＿＿。

(2)扫频仪的主要组成部分包括＿＿＿＿＿＿、＿＿＿＿＿＿、＿＿＿＿＿＿、＿＿＿＿＿＿、电源电路及配有检波器的同轴电缆等。

(3)NCF-1000C-1 型频率计主要由 A 通道、B 通道、系统选择控制门、同步双稳以及＿＿＿＿＿＿、＿＿＿＿＿＿、＿＿＿＿＿＿组成。

(4)频谱分析仪按频率范围分:＿＿＿＿＿＿频谱分析仪、＿＿＿＿＿＿频谱分析仪、＿＿＿＿＿＿频谱分析仪。

(5)NCF-1000C-1 型频率计的全部测量采用单片机＿＿＿＿＿＿进行智能化控制和数据处理。

(6)安泰 AT5010 频谱分析仪的测量频率范围在＿＿＿＿＿＿内。

(7)如果发射功率为 100 mW,则按 dBm 进行折算后应为＿＿＿＿＿＿。

(8)扫频仪按扫频的频率范围分为:＿＿＿＿＿＿、＿＿＿＿＿＿、低频扫频仪。

(9)频谱分析仪显示屏上横坐标反映的是被测信号的＿＿＿＿＿＿,纵坐标反映的是被测信号的＿＿＿＿＿＿,所以频谱分析仪是测量信号＿＿＿＿＿＿和＿＿＿＿＿＿的关系。

(10)谱分析仪在国外有"＿＿＿＿＿＿万用表"之称 。

(11)频谱分析仪主要由＿＿＿＿＿＿和＿＿＿＿＿＿两大部分组成。

二、选择题

(1)扫频振荡器产生的是( )的信号。
    A.频率不变幅值变化   B.频率变化幅值不变
    C.频率和幅值不变   D.频率和幅值都变化

(2)频谱分析图的水平轴代表( )。
    A.时间   B.电压   C.频率   D.功率

(3)扫频仪可用来测量和图示( )。
    A.被测网络的幅频特性   B.被测信号源的频谱特性
    C.被测信号源的相频特性   D.被测信号的波形

三、判断题

(1)频谱仪的分辨力是指能够分辨最小谱线电压的能力。   ( )

(2)示波器分析信号的幅度和时间的关系称时域分析,频谱分析仪是分析信号幅度与频率的关系称频域分析。   ( )

(3)谱分析仪的灵敏度高,最低能测量 2.24 μV 的信号。   ( )

(4)安泰 AT5010 型频谱分析仪的输入阻抗为 50 Ω。   ( )

(5)频谱分析仪上的 4 个衰减按钮全部按下时信号衰减 10 dBm。   ( )

(6)频谱分析的扫频宽度调节按键控制,在 0 扫频宽度模式时,只有直流电压去控制第一本振。   ( )

(7)谱分析仪在测量信号时,如果阻抗不匹配,尽量选用高阻探头从而减小对电路的影响。   ( )

(8)谱分析仪的接收机由混频、中频放大、检波、Y 放大等电路组成。   ( )

(9)dBm 是一个绝对量的单位。   ( )

(10)谱分析仪的中频是固定的频率。   ( )

四、问答与简述

(1)频率特性的测量有哪些方法？各有何特点？
(2)简述安泰 AT5010B 频谱分析仪的工作过程。
(3)简述 NCF-1000C-1 型频率计"周期测量"的步骤。

项目八

使用电子元器件测量仪器
——晶体管特性图示仪

【知识目标】

- 了解晶体管特性图示仪在电子测量技术中的重要意义;
- 理解晶体管特性图示仪的组成和基本工作原理;
- 掌握晶体管特性图示仪的使用方法和日常维护。

【技能目标】

- 会使用晶体管特性图示仪测量晶体管的特性曲线,能测量其静态参数;
- 能在不损坏器件的情况下测量晶体管各种极限特性。

在电子产品的生产和科研中,半导体器件性能的好坏,直接影响到产品的质量。因此,必须根据设计要求对半导体器件进行认定和筛选。晶体管特性图示仪能很好地完成上述测量要求,具有用途广泛、直接显示、使用方便、操作简单等优点,广泛应用于与半导体器件有关的各个领域。

任务一　认识晶体管特性图示仪

任务分析

通过本任务的学习,我们能够了解晶体管特性图示仪是什么,有什么作用。要求掌握 YB4811 晶体管图示仪的结构及使用方法。

任务实施

一、晶体管特性图示仪概述

晶体管特性图示仪是一种可直接在荧光屏上观察各种晶体管特性曲线的专用仪器。通过仪器的标尺刻度可直接读被测晶体管的各项参数,它可用来测定晶体管的共集电极,共基极,共发射极的输入特性,输出特性,转换特性,α、β 参数特性;可测定各种反向饱和电流 ICBO、ICEO、IEBO 和各种击穿电压 BUCBO、BUCEO、BUEBO 等;还可以测定二极管、稳压管、可控硅、隧道二极管、场效应管及数字集成电路的特性,用途广泛。

二、晶体管特性图示仪的面板和功能

晶体管特性图示仪的面板如图 8-1 所示,功能介绍见表 8-1。

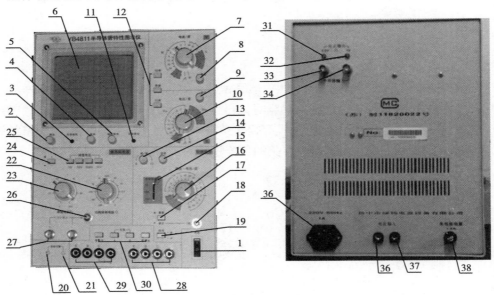

图 8-1　YB4811 晶体管图示仪面板

表 8-1 YB4811 晶体管图示仪功能一览表

单 元	序 号	功能键	作 用
显示控制单元	1	电源指示	按"1"为接通,按"0"为断开
	2	辉度	用于调节波形的亮度
	3	光迹旋转	当示波管屏幕上水平光迹与水平刻度线不平行时,可调节该电位器使之平行
	4	聚焦旋钮	调节旋钮可使光迹最清晰
	5	辅助聚焦	与聚焦旋钮配合使用
Y轴作用	6	荧光屏幕	示波管屏幕,外有坐标刻度片
	7	电流/度开关	具有 22 挡 4 种偏转作用的开关。可以进行集电极电流、基极电压、基极电流和外接的不同转换
	8	Y轴移位	该电位器顺时针旋动,光迹向上,反之向下
X轴作用	9	X轴移位	该电位器顺时针旋动,光迹向左,反之向右
	10	电压/度开关	是一种具有 17 挡、4 种偏转作用的开关
	11	双簇移位	当测试选择开关置于双簇显示时,借助于该电位器,可使二簇特性曲线显示在合适的水平位置上
	12	校正及转换开关	它是由 3 个按钮组成的直键开关。上按钮按下,校正信号输入 Y 放大器;下按钮按下,输入信号到 X 放大器;中间按钮是控制转换开关 NPN 和 PNP 管测试的转换
阶梯信号	13	级/簇	用于调节阶梯信号的级数,能在 4~10 级内任意选择
	14	调零	用于调节阶梯信号的零位,测试前先进行零位校准
	15	串联电阻	当置于电压/级的位置时,电阻被串联进半导体器件的输入回路中
	16	电流-电压/极	它是一个具有 23 挡,两种作用的开关。其中基极电流 18 挡,基极电压源 5 挡,用于选择基极阶梯信号的阶梯大小
	17	重复/单次	重复:阶梯信号连续输出,作正常测试; 单次:阶梯信号处于待触发状态
	18	单簇按钮	按下该键屏幕显示一簇特性曲线,因此能准确地测试半导体器件的极限参数
	19	极性开关	用于改变基极阶梯信号的极性,极性的选择取决于被测器件

续表

单　元	序　号	功能键	作　用
集电极 扫描 单元	20	保险丝 1.5A 70BX2	当集电极电源短路或过载时,70BX2 起保护作用
	21	容性平衡	减小杂散电容对测量误差的影响,调节该旋钮使之减小到最小值
	22	辅助容性平衡	再次进行电容平衡调节,使误差降低到最小
	23	功耗限制电阻	它是串联在被测晶体管的集电极回路中,用于限制其功耗,也可作为集电极负载电阻
	24	峰值电压调节	用于在选择的电压范围内连续调节集电极电压
	25	电压极性开关	用于改变集电极扫描电压的极性,极性的选择取决于被测器件
	26	峰值电压范围	它是通过集电极变压器 70B2 的不同输出电压的选择而分,分为 5 V(10 A)、50 V(1 A)、500 V(0.1 A)、3 000 V(2 mA)4 挡。在测试半导体管时,应由低挡改换到高挡,在换挡时必须将峰值电压 70B1 调到 0 值,慢慢增加,否则易击穿被测管
	27	3 kV 高压测试 按钮 70AN1	为了 0~3 kV 挡的高压测试安全,特设 70AN1 测试按钮开关,不按时则无电压输出
	28	3 kV 高压输出插座	输出高压
测试 控制器	29	B 测试插孔	在测试标准型管壳的半导体器件时,可用附件中的测试盒与其直接连接,当作其他特殊用途测试时,可用香蕉插头与导线作为插孔与被测器件之间的连接
	30	A 测试插孔	同上
	31	测试选择开关	该钮用来校正阶梯信号作电压源输出时,其起始级的零电压,该钮按入时,被测管的栅极接地
其他	32	$1V_{P-P}$校正信号 输出插孔	该插孔输出幅度为 1 V,频率为市电频率的校正信号,供测试用
	33	$0.5V_{P-P}$校正信号 输出插孔	该插孔输出幅度为 0.5 V,频率为市电频率的校正信号,供测试用
	34	Y 轴输入插孔	
	35	X 轴输入插孔	
	36	电源插座	电源保险丝 20 B×1　1 A
	37	CT 测试端	
	38	CT 地	

三、晶体管图示仪的使用步骤

①开启电源开关,指示灯亮,预热 15 min,即可进行测试。

②调节辉度、聚焦、辅助聚焦旋钮，使屏幕上显示清晰的辉点或线条。

③将峰值电压旋钮调至零，峰值电压范围、极性、功耗电阻等开关置于测试所需位置。

④调节阶梯调零。

⑤选择需要的基极阶梯信号，将极性、串联电阻置于合适挡位，调节"级/簇"旋钮，使阶梯信号为 10 级/簇，阶梯信号置重复位置。

⑥插上被测晶体管，缓慢地增大峰值电压，荧光屏上即有曲线显示。

任务二　使用晶体管特性图示仪

任务分析

现提供 YB4811 型或其他型号晶体管特性图示仪 1 台，万用表 1 块，常用半导体电子元器件（二极管、三极管、场效应管）各 2 支。请在认识晶体管特性图示仪的基础上，完成下面各项内容：

①测量二极管的正、反向特性曲线；

②测量三极管的输入输出特性曲线，并记录在表 8-2 中。

表 8-2　晶体管图示仪测量情况记录

	二极管正向特性							二极管反向特性						
学生 a	峰值电压范围	扫描电压极性	功耗限制电阻	阶梯信号选择	阶梯作用	X轴作用	Y轴作用	峰值电压范围	扫描电压极性	功耗限制电阻	阶梯信号选择	阶梯作用	X轴作用	Y轴作用

续表

学生 b	二极管正向特性							二极管反向特性						
	峰值电压范围	扫描电压极性	功耗限制电阻	阶梯信号选择	阶梯作用	X轴作用	Y轴作用	峰值电压范围	扫描电压极性	功耗限制电阻	阶梯信号选择	阶梯作用	X轴作用	Y轴作用

学生 a	三极管输入特性							三极管输出特性						
	峰值电压范围	扫描电压极性	功耗限制电阻	阶梯信号选择	阶梯作用	X轴作用	Y轴作用	峰值电压范围	扫描电压极性	功耗限制电阻	阶梯信号选择	阶梯作用	X轴作用	Y轴作用

续表

学生b	三极管输入特性							三极管输出特性						
	峰值电压范围	扫描电压极性	功耗限制电阻	阶梯信号选择	阶梯作用	X轴作用	Y轴作用	峰值电压范围	扫描电压极性	功耗限制电阻	阶梯信号选择	阶梯作用	X轴作用	Y轴作用
分析产生误差的原因														

任务实施

一、晶体二极管的测试

晶体二极管基本特性是单向导电性,通常需要测量其正、反向特性。

1.正向特性的测试

测试前先将 X 轴、Y 轴坐标零点移至左下角,把二极管接入测试台,将各开关旋钮置于如表 8-3 所示位置,得到正向特性如图 8-2 所示。

表 8-3　开关旋钮位置图

序　号	开关旋钮设置项	设置范围
1	峰值电压范围	0~10 V
2	扫描电压极性	+
3	功耗限制电阻	1 kΩ
4	阶梯信号选择	0.1 mA/级
5	阶梯作用	关
6	X 轴作用	V_{be} 0.2 V/度
7	Y 轴作用	I_c 0.5mA/度

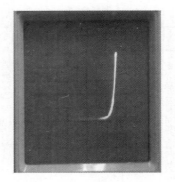

图 8-2　二极管正向特性曲线

2.反向特性的测试

测试前先将 X 轴、Y 轴坐标零点移至右上角,二极管接入测试台,将各开关旋钮置于如表 8-4 所示位置,得到反向特性曲线如图 8-3 所示。

图 8-3　二极管反向特性曲线

表 8-4　开关旋钮位置

序　号	开关旋钮设置项	设置范围
1	峰值电压范围	0~500 V
2	扫描电压极性	−
3	功耗限制电阻	10 kΩ
4	阶梯信号选择	0.1 mA/级
5	阶梯作用	关
6	X 轴作用	V_{ce} 50 V/度
7	Y 轴作用	I_c 0.5 mA/度

二、晶体三极管的测试

晶体三极管分为 NPN 和 PNP 两大类,它们只是极性不同,其测试原理相同,下面以 NPN 型三极管为例。

1.输出特性曲线测试

将仪器的开关旋钮按图 8-4 所示的顺序置于表 8-5 所示位置,得到输出特性曲线如图 8-4 所示。

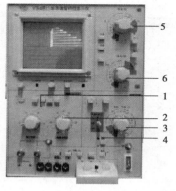

图 8-4　三极管的输出特性曲线

表 8-5　开关旋钮位置

序　号	开关旋钮设置项	设置范围
1	峰值电压范围	0～50 V
2	功耗限制电阻	250 Ω
3	阶梯信号选择	10 μA
4	重复/关	重复
5	X 轴作用	V_{ce} 0.5 V/度
6	Y 轴作用	I_c 5 mA/度

2.输入特性曲线测试

连接方法同上,仪器的开关旋钮置于表 8-6 所示位置,得到输入特性曲线如图 8-5 所示。

表 8-6　开关旋钮位置

序　号	开关旋钮设置项	设置范围
1	峰值电压范围	0～5 V
2	功耗限制电阻	250 kΩ
3	阶梯信号选择	2 μA/级
4	阶梯作用	重复
5	X 轴作用	V_{ce} 0.2 V/度
6	Y 轴作用	I_c 0.2 mA/度

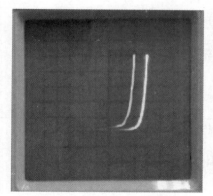

图 8-5　三极管输入特性曲线

任务评价

对晶体管图示仪的使用情况,根据下表的要求进行评价。

项　目	配分/分	评价要点	自　评	互　评	教师评价	平均分
面板部件及功能	20	①区分出面板各单元得 10 分; ②各旋钮功能正确得 10 分				
晶体管输出特性测试	20	①开关旋钮位置选择正确得 6 分; ②操作正确得 6 分; ③图形正确得 8 分				
晶体管输入特性测试	20	①开关旋钮位置选择正确得 6 分; ②操作正确得 6 分; ③图形正确得 8 分				

续表

项目	配分/分	评价要点	自评	互评	教师评价	平均分
二极管正向特性测试	20	①开关旋钮位置选择正确得6分；②操作正确得6分；③图形正确得8分				
二极管反向特性测试	20	①开关旋钮位置选择正确得6分；②操作正确得6分；③图形正确得8分				
材料、工具、仪表		①每损坏或者丢失一样扣10分；②材料、工具、仪表没有放整齐扣10分				
环境保护意识		每乱丢一项废品扣10分				
节能意识		用完未将仪器复位至初始状态并关断开关电源扣10分				
安全文明操作		违反安全文明操作(视其情况进行扣分)				
额定时间		每超过5 min扣5分				
开始时间		结束时间		实际时间		成绩	
综合评议意见(教师)						
评议教师				日期		
自评学生				互评学生		

知识扩展

一、晶体管图示仪的组成

晶体管特性图示仪由集电极扫描电压发生器、基极阶梯信号发生器、同步脉冲发生器、X放大器和Y放大器、示波器及控制电路、电源电路等部分组成,基本组成及原理框图如图8-6所示。

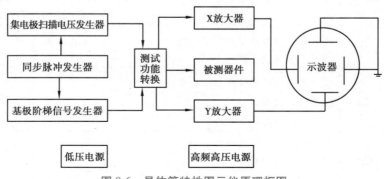

图8-6　晶体管特性图示仪原理框图

1.集电极扫描电压发生器

集电极扫描电压发生器可产生如图8-7(a)所示的集电极扫描电压,它是正弦半波,幅值可以调节,用于形成水平扫描线,为被测晶体管提供偏置。

2.基极阶梯信号发生器

基极阶梯信号发生器可产生如图8-7(b)所示的基极阶梯电流信号,阶梯高度可以调节,用于形成多条曲线簇,为被测晶体管提供偏置。

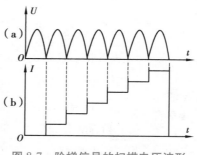

图 8-7 阶梯信号的扫描电压波形

3.同步脉冲发生器

同步脉冲发生器用于产生同步脉冲,使1,2产生的两信号达到同步。

4.X 放大器和 Y 放大器

用于把从被测器件上取出的电压信号进行放大,然后送至示波器的相应偏转板上,以形成扫描曲线。

5.示波器及控制电路

示波器及控制电路与通用示波器的电路基本相同。

6.电源电路

电源电路为仪器提供各种工作电源,包括低压电源和示波管所需的高频高压电源。

二、主要技术指标

晶体管图示仪的主要技术指标见表8-7。

表 8-7 YB4811 型晶体管特性图示仪主要技术指标

单 元	名 称	技术指标
	集电极电流范围(I_C)	10 μA/DIV～0.5 A/DIV 分 15 挡,误差不超过±3%
Y 轴偏转系数	二极管反向漏电流(I_R)	0.2～5 μA/DIV 分 5 挡
		2 μA/DIV～5 μA/DIV 误差不超过±5%
		1 μA/DIV 误差不超过±7%
		0.5 μA/DIV 误差不超过±10%
		0.2 μA/DIV 误差不超过±20%
	外接输入	0.1 V/DIV 误差不超过±3%

续表

单　元	名　称	技术指标
X 轴偏转系数	集电极电压范围(V_{ce})	0.1～500 V/DIV　分 12 挡,误差不超过±3%
	基极电压范围(V_{be})	0.1～5 V/DIV　分 6 挡,误差不超过±3%
	外接输入	0.05 V/DIV　误差不超过±3%
	阶梯电压范围	0.05～1 V/级　分 5 挡,误差不超过±5%
	串联电阻	10 Ω、10 kΩ、0.1 MΩ 分 3 挡,误差不超过±10%
其他	校正信号	0.5 V_{P-P}　误差不超过±2%(频率为市电频率)
		1 V_{P-P}　误差不超过±2%(频率为市电频率)
	示波管	15SJ110Y14 内(UK = 1.5 kV　UA4 = +1.5 kV)
	电源电压	(220±10%) V
	电源频率	(50±5%) Hz
	视在功率	非测试状态约 50 W,满功率测试状态约 80 W

三、使用注意事项

1.使用前的检查

①检查仪器工作电压,并确保保险丝是否是指定型号。

②检查仪器的"峰值电压范围"是否置于低电压挡,"峰值电压调节"是否旋至零位,"电压—电流级"是否置于阶梯电流低挡,"阶梯信号"开关是否置于关挡,"功耗限制电阻"是否置于中高挡。

2.使用中的注意事项

①峰值电压范围由低电压挡向高电压挡转换时,应先将峰值电压逆时针旋转至零,待换挡后,再慢慢调高。

②注意阶梯信号选择、功耗限制电阻、峰值电压范围旋钮的使用,以免损坏被测晶体管。

③测试大功率晶体管和极限参数、过载参数时,应采用单簇阶梯信号,以防过载损坏被测器件。

④测试 MOS 型场效应管时,不要使栅极悬空,以免感应电压过高引起被测管击穿。

3.使用后的保养

①仪器使用完毕,将仪器复位至初始状态,以防下次使用时因疏忽而损坏器件。

②仪器要避免过冷和过热,以及避免温度、水分和灰尘。

③仪器要注意通风,不可将物体放置在仪器上,不可将导线和针插入通风孔,不可遭到强烈撞击,不可用连接线拖拉,也不能长期倒置。

习题八

一、填空

（1）晶体管特性图示仪是一种_____的专用仪器，它可以在示波管的屏幕上_____，并可测量_____的仪器。

（2）晶体管特性图示仪由_____、_____、_____、_____、示波器及控制电路、电源电路等几部分组成。

（3）用晶体管特性图示仪测量二极管和电阻时，应将其两引脚插入_____和_____两个插孔，此时若阶梯信号不能关闭，则"电压—电流/级"选择开关可置于_____（电压/级、电流/级、任意）位置。

二、综合题

（1）使用晶体管特性图示仪测量时，如何进行基极阶梯信号调零？

（2）在晶体管特性图示仪测量过程中，有哪些注意事项？

（3）使用 YB4811 晶体管特性图示仪测试小功率 NPN 型三极管输出特性时，应选择何种极性的基极阶梯信号和集电极扫描信号？

（4）晶体管特性图示仪主要由哪几个部分组成？各部分作用如何？

项目九

了解自动测量技术

【知识目标】

● 了解智能仪器、虚拟仪器的概念；
● 理解智能仪器、虚拟仪器的组成与特点；
● 掌握智能仪器、虚拟仪器的工作原理。

【技能目标】

● 会使用虚拟仪器软件。

在电子测量中，单机单参数的人工测量，因为受仪器性能的局限，测试项目单一，并且需要人工操作，工作效率低，不能自动完成测量数据的处理和传输。随着现代工业化大规模的生产，被测参数种类多、测试内容复杂、测试工作量大，对测量工作有了更高的要求，要求测试设备功能强，性能好，测试速度快，测试准确度高，最好还能自动调节量程，自动处理测试数据，并能存储、打印、显示测试结果。本项目所学习的自动测量技术就能很好地实现上述要求。

任务一 认识智能仪器

任务分析

根据本任务的内容自主上网查询,完成下面内容:

①了解智能仪器的基本知识。

②了解智能仪器的特点。

③明白智能仪器的工作原理。

④了解智能仪器的组成。

任务实施

智能仪器是计算机技术与电子测量仪器紧密结合的产物,是内含微型计算机或微处理器,能够按照预定的程序进行一系列测量测试的测量仪器,并具有对测量数据进行存储、运算、分析判断、接口输出及自动化操作等功能。

一、智能仪器概述

自动测试技术是以计算机或微处理器为核心,将检测技术、自动控制技术、数据传输技术、数据处理技术、网络技术等多种技术有机结合起来的一种测试技术。它是在传统的电子测量技术所面临的测试项目逐渐增多,测试范围日益扩大,人们对测量速度和准确度的要求不断提高,需要统计和处理的数据逐渐增多的背景下出现的。它有效地解决了测试过程的自动化问题。它的出现为电子测量技术注入了新的活力。随着微电子技术的发展和微处理器的普及,出现了以微处理器为基础的智能仪器。这些仪器具有键盘操作可实现自动测量,如智能化 DVM、智能化 RLC 测量仪、智能化电子计数器等。

智能仪器是指将人工智能的理论、方法和技术应用于仪器,使其具有类似于人的智能或功能的仪器。目前,人们习惯将内含微型计算机和通用接口总线(General-Purpose Interface Bus,GPIB)的仪器称为智能仪器。为了实现智能化的特性或功能,智能仪器一般都使用嵌入微处理器的系统芯片(SOC)或数字信号处理器(DSP)及专用电路,并且仪器内部带有处理能力很强的智能软件。但通常微处器是为特定仪器完成特定任务而设计的,属于专用型的计算机,相应的测试软件也相对固定。

仪器与微处器相结合,取代了许多笨重的硬件,其内部结构和前面板也大为改观,节省了许多开关和调节旋钮。智能仪器不再是简单的硬件实体,而是硬件与软件的结合。微处理器通过键盘或遥控接口接受命令和信号,并用来控制仪器的运行,执行常规测量,对数据进行智能分析和处理,并对结果进行显示或传送。软件在仪器的智能高低方面起着重要作用。

二、智能仪器的特点

与传统仪器相比,智能仪器通常具有以下几个特点。

①借助于传感器和变送器采集信息。

②具有硬件软件化的优势。采用了微处理器,许多传统的硬件逻辑功能都用软件代替,如传统数字电压表中的计数器、寄存器、译码显示电路等。这样降低了成本,减少了体积,降低了功耗,提高了可靠性。

③具有人机对话的功能。使用者借助面板上的键盘和显示屏,用对话方式选择测量功能、设置参数,并通过显示器等获得测量结果。

④具有记忆信息的功能。智能仪器中的存储器既用来存储测量程序、相关的数学模型及操作人员输入的信息,又用来存储以前测得的和现在测得的各种数据。

⑤具有自动处理数据的功能。智能仪器对测得的数据可按预先设置的程序进行算术运算,如求平均值、对数、方差、标准偏差等数学运算,还可求解代数方程,并对信息进行分析、比较和推理。

⑥具有自检、自诊断和自测试功能。智能仪器可对自身各部分的电路及功能进行检测,验证其能否正常工作。自检合格时,将显示自检合格的信息或发出相应的声音。否则,将会运行自诊断程序,对仪器作进一步检查,并显示有关故障的信息。若仪器中考虑了替换方案,还可在内部进行协调和重组,自动修复系统。

⑦具有自校准(校准零点、增益等)功能,保证仪器自身测量的准确度。

⑧具有自补偿、自适应外界变化的功能。智能仪器能自动补偿环境温度、压力等因素对被测量的影响,能补偿输入信号的非线性,并根据外部负载的变化的自动输出与其匹配的信号。

⑨具有对外接口功能。通过 GPIB 标准接口,能够容易地接入自动测试系统,甚至接入 Internet,接受遥控,实现自动测试。

三、智能仪器的组成

1.智能仪器的硬件组成

智能仪器的组成结构类似于典型的计算机结构,差别在于它多了一个专用的外围测试电路,同时它与外界的通信通常是通过 GPIB 实现。它的工作方式与计算机类似,而与传统测试仪器的差别较大。智能仪器主要由硬件和软件两大部分组成。其中,硬件部分主要包括数据采集与调理单元、微处理器单元、输入输出接口单元、键盘输入单元、通信单元等,其组成结构如图 9-1 所示。软件部分主要由各种程序构成。微处理器是智能仪器的核心,程序是智能仪器的灵魂。

数据采集与调理单元主要包括传感器、信号调理器、A/D 转换器等。传感器将外界的非电量信号转化为电信号,信号调理器将信号转换为处理器能处理的模拟信号,并由 A/D

转换器将模拟信号转换为数字信号。

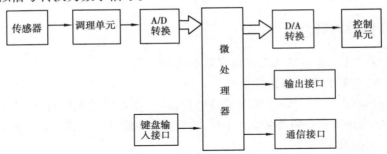

图 9-1　智能仪器组成框图

微处理器单元是智能仪器的核心部分,该单元主要由单片机及其扩展器件组成,用于存储程序和数据、执行数据运算和处理、实现各种控制功能等。键盘输入单元主要为键盘部件,可通过键盘操作输入各种操作命令。输出接口单元主要包括控制、显示、打印等接口单元,可实现向控制对象输出控制信号,向显示屏输出打印信号等功能。通信单元可通过 RS232,RS485,GPIB 等接口实现与其他仪器或计算机之间的通信。

2.智能仪器的软件内容

智能仪器的测量工作是在软件的控制下进行的,没有软件智能仪器就无法工作。软件是智能仪器自动化和智能化程度的主要标志。智能仪器的软件包括系统软件、应用软件和书面文件。系统软件是微机系统的语言加工程序和管理程序等。应用软件是指解决用户实际问题的程序,包括测试程序、数据处理程序、键盘判别程序和显示程序等。书面文件是帮助用户使用仪器的文件,包括软件总框图、程序清单、使用说明及修改方法等。

四、智能仪器的工作原理

智能仪器开始工作时,首先由多个传感器分别采集不同被测量的信息并将其转换为电信号,此时信号较微弱且外界干扰较大。为改善信号的质量,智能仪器的信号处理调理单元对传感器输出信号进行滤波、放大,将其转换为合适的信号并送至多路模拟开关。随后,微处理器逐路选通模拟开关将各通道的信号逐次进行 A/D 转换后的数字量送入微处理器。

微处理器根据事先设定的程序和各个参量的初值进行相应的数据运算和处理,运算结果被转换为相应的数据,便于显示或打印。同时,根据比较运算结果和控制要求微处理器可输出相应的控制信号(如报警装置触发信号等)控制有关单元或对象的状态。在由智能仪器和 PC 机组成的测控系统中,PC 机作为上位机,智能仪器可以通过通信接口与 PC 机进行通信,将采集的各种被测信号及数据传输给 PC 机,接收 PC 机的命令并作出响应。

任务二　使用虚拟仪器

任务分析

　　现场提供了一台安装有 Multisim 10 软件的计算机,在认识了虚拟仪器的基础上,利用数字万用表测量如图 9-2 所示电路中 R_1 的电流和 R_2 的电压。

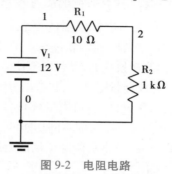

图 9-2　电阻电路

任务实施

一、认识虚拟仪器

　　虚拟仪器是以计算机为核心硬件平台,配备信号采集、控制等接口模块,由用户设计、定义虚拟面板,用软件编程来实现测试功能,通过鼠标和键盘交互式操作完成相应测试任务的计算机仪器系统。

1.虚拟仪器概述

　　所有测量测试仪器的主要功能可由数据采集、数据测试和分析、结果输出显示这 3 大部分组成,其中数据分析和结果输出完全可由计算机的软件系统来完成,因此只要另外提供一定的数据采集硬件,就可构成基于计算机的测量测试仪器。基于计算机的数字化测量测试仪器就称为虚拟仪器(VI)。虚拟仪器是电子测量技术与计算机技术相结合的产物,是具有很好发展前景的新一类电子仪器。虚拟仪器突破了传统电子仪器以硬件为主体的模式。实际上,使用者在操作具有测试软件的电子计算机进行测量时,犹如操作一台虚设的电子仪器。虚拟仪器要比传统的电子仪器更为通用,在组建和改变仪器的功能和技术性能方面更为灵活、经济,更能适应迅猛发展的当代科学技术对测量技术和测量仪器不断提出的更新并扩展功能与性能的要求。

　　虚拟仪器的出现和兴起是电子测量仪器领域的一次重要变革。它提出了一种与传统电子测量仪器完全不同的概念,改变了传统仪器的概念、模式和结构。通过网络释放系统的潜力,也完全改变了测量技术的以往面貌,打破了在同一地点进行采集、分析和显示的传统模式,标志着自动测试与电子测量仪器领域技术发展的一个崭新方向。

2.虚拟仪器的组成

虚拟仪器由硬件和软件两部分组成。虚拟仪器的硬件主体是电子计算机,通常是个人计算机,也可以是任何通用电子计算机。为计算机配置的电子测量仪器硬件模块是各种传感器、信号调理器、模拟数字转换器(ADC)、数字模拟转换器(DAC)、数据采集器(DAQ)等。电子计算机及其配置的电子测量仪器硬件模块组成了虚拟仪器测试硬件平台的基础。虚拟仪器还可以选配开发厂家提供的系统硬件模块,组成更为完善的硬件平台。

测试软件是虚拟仪器的"主心骨"。虚拟仪器的概念是 1986 年由美国国家仪器公司(NI 公司)首先提出的。NI 公司在提出虚拟仪器的概念并推出第一批实用成果时,就用"软件就是仪器"来表达虚拟仪器的特征,强调软件在虚拟仪器中极为重要的位置。

近年来,随着自动化与智能化测量技术的发展,虚拟仪器的概念与技术被提出并开始进入测量领域。虚拟仪器将计算机与仪器紧密结合,其数据分析和数据显示完全由软件完成,只要提供适应于测量需要的数据采集硬件,就可以组成具备一定功能的测量仪器。在硬件条件不变的前提下,应用不同的软件就可以构成不同功能的测量仪器。因此,软件是虚拟仪器的核心组成部分,即"软件就是仪器"。常见的虚拟仪器测量方案示例如图 9-3 所示。

图 9-3 虚拟仪器测量方案

虚拟仪器测量方案中,传感器、信号调理器和数据采集卡由硬件来实现,数据分析和数据显示由软件来实现。在实际的测量中,只需要用少量的硬件完成数据采集,其他工作都可以由软件来完成。此外,虚拟仪器的硬件大多是通用的,只要改变应用软件就可以得到新的测量仪器,并且可以根据需要确定系统的功能。无论用户的测量需求是否发生明显变化,基于软件定义仪器功能的方案大大提高了测量设备的利用率,降低了测量成本。

3.虚拟仪器的分类

虚拟仪器的发展随着计算机的发展和采用总线方式的不同,可分为以下几种类型。

(1)PC 总线——插卡型虚拟仪器

这种方式借助于插入计算机内的数据采集卡与专用的软件,如与 Labview 相结合,控件自己组建的仪器。这种方案的优点是可以充分利用计算机的总线、机箱、电源及软件的便利。缺点是受 PC 机机箱和总线的限制,电源负载较重,机箱内部的噪声电平较高,插槽数目也不多,插槽尺寸比较小,机箱内无屏蔽等。

(2)并行口式虚拟仪器

最新发展的一系列可连接到计算机并行口的测试装置把仪器硬件集成在一个采集盒内。仪器软件装在计算机上,通常可以完成各种测量测试仪器的功能,可以组成数字存储示波器、频谱分析仪、逻辑分析仪、波形发生器、频率计、数字成用表、功率计、程控稳压电源、数据记录仪、数据采集器。由于其价格低廉、用途广泛,特别适合于研发部门和各种教学实验室应用。

（3）串行总线虚拟仪器

在当今用虚拟仪器组建的自动测试系统中比较有前途的是采用 IEEE 1394 串总线的自动测试系统，这是因为 IEEE 1394 是一种高速串行总线，能够以 100 Mbit/s，200 Mbit/s 或 400 Mbit/s 的速率传送数据，效率更高。

（4）GPIB，VXI 和 PXI 总线虚拟仪器

典型的 GPIB 系统是由一台 PC 机、一块 GPIB 接口卡和若干台 GPIB 形式的仪器通过 GPIB 电缆连接而成。在标准情况下，一块 GPIB 接口可带多达 14 台仪器，电缆长度可达 40 m。GPIB 技术可用计算机实现对仪器的操作和控制，替代传统的人工操作方式，可以很方便地把多台仪器组合起来，形成自动测量系统。GPIB 测量系统的结构和命令简单，主要应用于台式仪器，适合于精确度要求高的，但对计算机高速传输状况不高时应用。

VXI 总线是一种高速计算机总线，是 VME 总线在 VI 领域的扩展，它具有稳定的电源、强有力的冷却能力和严格的 RFI/EMI 屏蔽。由于它的标准开放、结构紧凑、数据吞吐能力强、定时和同步精确、模块可重复利用、众多仪器厂家支持的优点，很快得到广泛的应用。经过 10 多年的发展，VXI 系统的组建和使用越来越广，尤其是组建大、中规模自动测量系统以及在对速度、精度要求高的场合，有其他仪器无法比拟的优势，但它的造价比较高。

PXI 总线方式是由 PCI 总线内核技术增加了成熟的技术规范和要求形成的，也是由增加了多板同步触发总线的技术规范和要求形成的。PXI 具有 8 个扩展槽，而台式 PCI 系统只有 3 或 4 个扩展槽，PXI 通过结合 PCI 总线面向仪器领域的扩展优势，将形成未来的虚拟仪器平台。

无论哪种虚拟仪器系统，都是将硬件仪器（调理放大器、A/D 卡）搭载到了笔记本式计算机、台式 PC 或工作站等各种计算机平台上，再加上应用软件而构成的，实现了用计算机的全数字化的采集测试分析。因此，虚拟仪器的发展完全跟计算机的发展同步，由此显示出虚拟仪器的灵活性和强大的生命力。

4.虚拟仪器软件功能介绍

Multisim 10 提供了很多虚拟仪器，可以用它们来测量仿真电路的性能参数，这些仪器的设置、使用和数据读取和现实中的仪表一样，它们的外观也和我们在实验室所见到的仪器相同。虚拟仪表工具如图 9-4 所示，从左到右依次是数字万用表、函数信号发生器、瓦特表、双踪示波器、四踪示波器、波特图仪、频率计数器、字信号发生器、逻辑分析仪、逻辑转换器、IV 分析仪、失真分析仪、频谱分析仪、网络分析仪、安捷伦函数信号发生器、安捷伦数字万用表、安捷伦示波器、泰克示波器、测量探针、LabVIEW 测试仪和电流探针。

图 9-4　虚拟仪器工具栏

在 Multisim 10 用户界面中，用鼠标指向仪器工具栏中需放置的仪器，单击鼠标左键，就会出现一个随鼠标移动的虚显示的仪器框。在电路窗口合适的位置，再次单击鼠标左

键,仪器的图标和标识符就被放置到工作区上。仪器标识符用来识别出仪器的类型和放置的次数。例如,在电路窗口内放置第一个万用表被称为"XMM1",放置第二个万用表被称为"XMM2"等,这些编号在同一个电路中是唯一的。

注意:若仪器工具栏没有显示出来,可以选择"View"→"Toolbars"→"Instrument Toolbar"命令,显示仪表工具栏,或选择"Simulate"→"Instruments"中相应仪表的命令,在电路窗口中放置相应的仪表。注意电压表和电流表并没有放置在仪表工具栏中,而是放置在指示元件库中。

尽管虚拟仪器与现实中的测量仪器非常相似,但它们还是有一些不同之处。下面根据任务介绍常用虚拟仪器的功能和使用方法。

任务实施

数字万用表的使用

①打开 Multisim 10 软件,如图 9-5 所示。

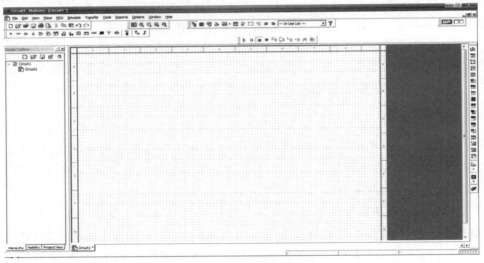

图 9-5　Multisim 10 软件打开界面

②在电路工作区将电路和数字万用表连接成实验电路,其中 XMM1 设置为直流电流表,XMM2 设置为直流电压表,如图 9-6 所示。

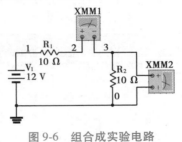

图 9-6　组合成实验电路

③单击电路工作窗口上方的"启动"按钮 。

④单击电路工作窗口上方的"停止"按钮 。

⑤双击"XMM1"直流电流表,读出 R_1 的电流值,如图9-7所示。

图9-7 R_1 的电流值

⑥双击"XMM2"直流电压表,读出 R_2 的电压值,如图9-8所示。

图9-8 R_2 的电压值

做一做

(1)将 R_1,R_2 的阻值分别改为 20 kΩ,"XMM1"的读数为_____,"XMM2"的读数为_____。

(2)将 R_1,R_2 的阻值分别改为 100 kΩ,"XMM1"的读数为_____,"XMM2"的读数为_____。

任务评价

对虚拟仪器的使用情况,根据下表中的要求进行评价。

项　　目	配分/分	评价要点	自　评	互　评	教师评价	平均分
数字万用表的使用	30	①电路连接正确得 5 分； ②实验操作正确得 5 分； ③读数、分析正确得 20 分				
函数信号发生器的使用	40	①电路连接正确得 5 分； ②实验操作正确得 5 分； ③读数、分析正确得 30 分				
双踪示波器的使用	30	①电路连接正确得 5 分； ②实验操作正确得 5 分； ③读数、分析正确得 20 分				
材料、工具、仪表		①每损坏或者丢失一样扣 10 分； ②材料、工具、仪表没有放整齐扣 10 分				
环境保护意识		每乱丢一项废品扣 10 分				
节能意识		用完虚拟仪器，未关闭计算机扣 10 分				
安全文明操作		违反安全文明操作（视其情况进行扣分）				
额定时间		每超过 5 min 扣 5 分				
开始时间		结束时间		实际时间		成绩	
综合评议意见（教师）						
评议教师				日期			
自评学生				互评学生			

知识扩展

一、数字万用表

1.数字万用表的面板和连接

　　虚拟数字万用表的图标和面板如图 9-9 所示。虚拟数字万用表的外观与实际仪表基本相同，其连接方法与现实万用表完全一样，都是通过"＋""－"两个端子来连接仪表。

（a）虚拟万用表图标　　　　　　　　　（b）虚拟万用表面板

图 9-9　虚拟数字万用表的图标和面板

2.数字式万用表的设置

（1）功能选择

在数字万用表面板中的参数显示框下面,有 4 个功能选择键,具体功能如下所述。

● 电流挡:测量电路中某支路的电流。测量时,数字万用表应串联在待测电路中。注意:用作电流表时,数字万用表的内阻非常小（1 nΩ）。

● 电压挡:测量电路两节点之间的电压。测量时,数字万用表应与两节点并联。注意:用作电压表时,数字万用表的内阻非常高,可以达到 1 GΩ。

● 欧姆挡:测量电路两节点之间的电阻。被测节点和节点之间的所有元件当作一个"元件网络"。测量时,数字万用表应与"元件网络"并联。注意:为了测量结果的准确性,要求电路中没有电源,并且元件和元件网络有接地端。如果改变了电路中欧姆表连接方式,重新开启仿真按钮才能读出新的数据。

● 电压损耗分贝挡:测量电路中两个节点间压降的分贝值。测量时,数字万用表应与两节点并联。电压损耗分贝的计算公式如下:

$$dB = 20 \times \log_{10}\left(\frac{V_o}{V_i}\right)$$

默认计算分贝的标准电压是 1 V,但也可以在设置面板中改变它。式中 V_o 和 V_i 分别为输出电压和输入电压。

（2）被测信号的类型

● 交流挡:测量交流电压或电流信号的有效值。注意:此时,被测量电压或电流信号中的直流成分都将被虚拟数字万用表滤除,所以测量的结果仅是信号的交流成分。

● 直流挡:测量直流电压或者电流大小。注意:测量一个既有直流成分又有交流成分的电路的电压平均值时,将一个直流电压表和一个交流电压表同时并联到待测节点上,分别测直流电压和交流电压的大小。电压的平均值可通过下面的公式计算:

$$RMS\ voltage = \sqrt{(V_{dc}^2 + V_{ac}^2)}$$

（3）面板设置

理想仪表在测量时对电路没有任何影响,即理想的电压表有无穷大的电阻并且没有电流通过,理想的电流表内阻几乎为零。而实际电压表的内阻并不是无穷大,实际电流表的内阻也不是 0 Ω。所以,测量结果只是电路的估计值,并不完全准确。

在 Multisim 7 应用软件中,可以通过设置虚拟数字万用表的内阻来真实地模拟实际仪表的测量结果。具体步骤如下:

①单击数字万用表面板"设置"按钮,弹出"数字万用表设置"对话框。

②设置相应的参数。

③设置完成后,单击"Accept"按钮保存设置;单击"Canncel"按钮取消本次设置。

二、函数信号发生器

函数信号发生器是一个能产生正弦波、三角波和方波的信号源。可以为电路提供方便、真实的激励信号,输出信号频率宽。它不仅可以为电路提供常规的交流信号,还可以产生音频和射频信号,并且可以调节输出信号的频率、振幅、占空比和直流分量等参数。

1.函数信号发生器的面板和连接

函数信号发生器的图标和面板如图 9-10 所示。

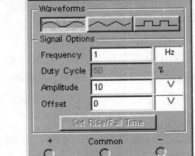

（a）图标　　　　　　　　（b）面板

图 9-10　函数信号发生器的图标和面板

函数信号发生器有 3 个接线端。"+"输出端产生一个正向的输出信号,公共端"Common"通常接地,"-"输出端产生一个反向的输出信号。

2.函数信号发生器的面板设置

（1）功能选择

单击图 9-10(b)所示的正弦波、三角波或者方波的条形按钮,就可以选择相应的输出波形。

（2）信号参数选择

● 频率(Frequency):设置输出信号的频率,设置的范围为 1 Hz～999 MHz。

● 占空比(Duty Cycle):设置输出信号的持续期和间歇期的比值,设置的范围为 1%～99%。注意:该设置仅对三角波和方波有效,对正弦波无效。

● 振幅(Amplitude):设置输出信号的幅度,设置的范围为 1 V～999 kV。注意:若输出信号含有直流成分,则所设置的幅度为从直流到信号波峰的大小。如果把地线与正极或者负极连接起来,则输出信号的峰峰值是振幅的 2 倍。如果从正极和负极之间输出,则输出信号的峰峰值是振幅的 4 倍。

● 偏差(Offset):设置输出信号中直流成分的大小,设置的范围为−999 ~+999 kV。

此外,单击图 9-10(b)中的"Set Rise/Fall Time"按钮,弹出 Set Rise/Fall Time 对话框。可以设置输出信号的上升/下降时间。注意:Set Rise/Fall Time 对话框只对方波有效。

三、双踪示波器

双踪示波器(Oscilloscope)是实验中常用到的一种仪器,它不仅可以显示信号的波形,还可以通过显示波形来测量信号的频率、幅度和周期等参数。

1.双踪示波器的面板和连接

双踪示波器的图标和面板如图 9-11 所示。

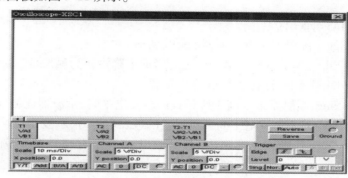

（a）图标　　　　　　　　　　　　　　（b）面板

图 9-11　双踪示波器的图标和面板

双踪示波器有 4 个端点,A,B 端点分别为两个通道,G 为接地端,T 是外触发输入端。虚拟的双踪示波器的连接与实际双踪示波器稍有不同,一是 A,B 两通道只有一根线与被测点相连,测的是该点与地之间的波形;二是当电路图中有接地符号时,双踪示波器的接地端可以不接。

2.双踪示波器的面板设置

双踪示波器的面板主要由显示屏、游标测量参数显示区、Timebase 区、Channel A区、Channel B区、Trigger 区这 6 个部分组成。

（1）Timebase 区

Timebase 区用来设置 X 轴的时间基准扫描时间。

● Scale:设置 X 轴方向每一大格所表示的时间。单击该栏出现一对上下翻转箭头,可根据显示信号频率的高低,通过上、下翻转箭头选择合适的时间刻度。例如,一个周期为1 kHz的信号,扫描时基参数应设置在 1 ms 左右。

● X Position:表示 X 轴方向时间基准的起点位置。

● Y/T:显示随时间变化的信号波形。

- B/A：将 A 通道的输入信号作为 X 轴扫描信号，B 通道的输入信号施加在 Y 轴上。
- A/B：与 B/A 相反。
- ADD：显示的波形是 A 通道的输入信号和 B 通道的输入信号之和。

（2）Channel A 区

Channel A 区用来设置 A 通道的输入信号在 Y 轴的显示刻度。

- Scale：设置 Y 轴的刻度。
- Y position：设置 Y 轴的起点。
- AC：显示信号的波形只含有 A 通道输入信号的交流成分。
- 0：A 通道的输入信号被短路。
- DC：显示信号的波形含有 A 通道输入信号的交、直流成分。

（3）Channel B 区

Channel B 区用来设置 B 通道的输入信号在 Y 轴的显示刻度，其设置方法与通道 A 相同。

（4）Trigger 区

Trigger 区用来设置示波器的触发方式。

- Edge：表示将输入信号的上升沿或下降沿作为触发信号。
- Level：用于选择触发电平的大小。
- Sing：当触发电平高于所设置的触发电平时，示波器就触发一次。
- Nor：只要触发电平高于所设置的触发电平时，示波器就触发一次。
- Auto：若输入信号变化比较平坦或只要有输入信号就尽可能显示波形时，就选择它。
- A：用 A 通道的输入信号作为触发信号。
- B：用 B 通道的输入信号作为触发信号。
- Ext：用示波器的外触发端的输入信号作为触发信号。

（5）游标测量参数显示区

游标测量参数显示区是用来显示两个游标所测得的显示波形的数据。可测量的波形参数有游标所在的时刻，两游标的时间差，通道 A、B 输入信号在游标处的信号幅度。通过单击游标中的左右箭头，可以移动游标。

注意：设置波形显示颜色。通道 A，B 的输入信号连线的颜色就是示波器显示的颜色，故只要改变通道 A，B 的输入信号连线的颜色即可。单击示波器面板右下方的"Reverse"按钮，就可改变示波器的背景颜色（黑色或白色），单击示波器面板右下方的"Save"按钮，就可将显示的波形保存起来。

习题九

一、填空

（1）智能仪器是指将人工智能的_____、_____、_____应用于仪器使其具有类似于人的＿＿＿＿＿＿＿＿或＿＿＿＿＿＿＿＿的仪器。

（2）智能仪器与外界的通信通常是通过＿＿＿＿＿＿＿＿＿实现的，它的工作方式与＿＿＿＿＿＿＿＿类似，而与＿＿＿＿＿＿＿＿差别很大。

（3）智能仪器的软件是智能仪器＿＿＿＿＿＿＿＿和＿＿＿＿＿＿＿＿的主要标志，它包括＿＿＿＿＿＿＿＿、＿＿＿＿＿＿＿＿、＿＿＿＿＿＿＿＿。

（4）虚拟仪器由＿＿＿＿＿＿＿＿和＿＿＿＿＿＿＿＿两部分组成。

二、问答题

（1）试改变数字万用表中电流挡、电压挡的内阻，观察对测量精度是否有影响？

（2）试用示波器 A，B 通道同时测量某一正弦信号，扫描（时基）方式分别为 Y/T，A/B，观察显示波形的差异，思考其原因。

（3）利用函数发生器产生频率为 5 kHz，振幅为 10 V 的正弦信号，用示波器观察输出波形。

综合测试一

总分:100分　考试时间:90分钟

题号	一	二	三	四	五			总分
分数								

一、填空(每空2分,共34分)

1.误差的基本表示方法有_____、_____和最大引用误差3种,在工程上凡是要求计算测量结果的误差时,一般都要用_____。

2.对以下数据进行四舍五入处理,要求小数点后只保留2位。

32.485 0 = _____ ; 200.485 000 001 0 = _____。

3.静电偏转型电子射线示波管从结构上看主要由三部分组成,即电子枪、_____和_____。其中电子枪又由_____、_____、控制栅极(G)、第一阳极(A1)、第二阳极(A2)和后加速极(A3)等6部分组成。

4.电子示波器是一种常用的电子仪器,它可以观察电信号的波形,通过屏幕显示直接测量信号的_____、_____和相位参数,还可以测量脉冲信号的前后沿、脉宽、上冲、下冲等参数。

5.万用表的表头实际上就是一只灵敏的磁电式直流电流表,测量直流电压时,应该在表头_____大电阻,测量电流时应在表头_____小电阻。万用表的准确等级一般分为0.1、_____、_____、2.5、5等几个等级。

6.交流电桥平衡的条件是:_____和_____。

二、单项选择题(每题3分,共36分)

1.示波管中有一对X偏转板和Y偏转板,其中X偏转板上加的是(　　　)。

　　A.直流电压　　　　B.锯齿波信号　　　　C.$f_{(t)}$信号　　　　D.正弦波信号

2.示波管的偏转灵敏度的单位是(　　　)。

　　A.V/m　　　　　　B.m/V　　　　　　　C.V/cm　　　　　　D.cm/V

3.将XD-22A型低频信号发生器的"输出衰减"旋钮置于60 dB时,调节"输出细调"旋钮使指示电压表的读数为5 V,则实际输出电压为(　　　)。

　　A.5 mV　　　　　B.50 mV　　　　　　C.5 V　　　　　　　D.500 mV

4.下列仪器中可以产生方波和三角波信号的仪器有(　　　)。

A.模拟电压表　　　　B.RLC 测试仪　　　　C.Q 表　　　　D.低频信号发生器

5.用示波器测量直流电压。在测量时,示波器的 Y 轴偏转因数开关置于 0.5 V/DIV,被测信号经衰减 10 倍的探头接入,屏幕上的光迹向上偏移 5 格,则被测电压为(　　　)。

　　A.25 V　　　　　　B.15 V　　　　　　C.10 V　　　　　　D.2.5 V

6.热电式电流表的基本原理是(　　　)。

　　A.热电现象,先把高频电流转变为直流电,再测量直流电的大小,从而间接地反映出被测高频电流的量程

　　B.在表头上并联适当的电阻进行测量

　　C.在表头上加装一个并联串联式半坡整流电路

　　D.无正确答案

7.下列测量中属于电子测量的是(　　　)。

　　A.用天平测量物体的质量　　　　　　B.用水银温度计测量温度

　　C.用数字温度计测量温度　　　　　　D.用游标卡尺测量圆柱体的直径

8.下列测量中属于间接测量的是(　　　)。

　　A.用万用欧姆挡测量电阻　　　　　　B.用电压表测量已知电阻上消耗的功率

　　C.用逻辑笔测量信号的逻辑状态　　　D.用电子计数器测量信号周期

9.低频信号发生器的工作频率一般为(　　　)。

　　A.1 Hz~1 MHz　　　　　　　　　　B.0.001 Hz~1 kHz

　　C.200 kHz~30 MHz　　　　　　　　D.300 MHz 以上

10.直流双臂电桥的显著优点是(　　　)。

　　A.可以测量电容的损耗因数

　　B.可以测量电感的品质因数

　　C.测量小电阻较为准确,能较好消除接触电阻和接线电阻的影响

　　D.可以测量大电阻和小电阻

11.下列选项中通用计数器不能测量的量是(　　　)。

　　A.频率　　　　　B.相位　　　　　　C.周期　　　　　　D.电压

12.电路的频率特性就是(　　　)。

　　A.幅度/频率特性和相位/频率特性的总称

　　B.幅度/频率特性

　　C.相位/频率特性

　　D.以上均不对

三、计算题(共 30 分)

1.使用 QS18A 型万用电桥测量一电容,当"量程开关"置于 1 000 PF,"损耗倍率"为 D×0.01 时,调节"损耗平衡"为 1.2,"读数"两盘分别为 0.5 和 0.076 时电桥平衡,试问被测电容的容量及损耗因数各为多少?(10 分)

2.有一个 10 V 标准电压,用 100 V 挡、0.5 级和 15 V 挡、2.5 级的两块万用表测量,问哪块表测量误差小?(10 分)

3.用示波器直接测量某一方波信号电压,将探头衰减比置×1,垂直偏转因数 V/格置于"5V/格","微调"置于校正校准 L 位置,并将"AC-GND-DC"置于 AC,所测得的波形峰值为 6 格,则测得峰峰值电压为多少?有效值电压为多少?(10 分)

综合测试二

总分:100 分　考试时间:90 分钟

题号	一	二	三	四	五		总分
分数							

一、填空(每空 3 分,共 30 分)

1.电子测量是以_____为手段的测量。

2.在双踪示波器显示时,当被测信号频率较低时,应按下_____键可避免波形的闪烁。

3.数据舍入原则可简单概括为_____。

4.指针式万用表可用来测量_____。

5.信号发生器又称信号源,它可以产生不同频率、幅度和波形的各种_____。

6.示波器就是一种能把随时间变化的、抽象的电信号用_____来显示的综合性电信号测量仪器。

7.频率计的输入为 150 MHz、5 V 的信号,要检测其频率应该选择_____输入端。

8._____振荡器的优点是稳定度高,非线性失真小,正弦波形好,在低频信号发生器中获得广泛应用。

9.智能仪器是指将人工智能的理论、方法和技术应用于仪器,类似于人的_____的仪器。

10.频谱分析仪上的 4 个衰减按钮,按下一个时信号衰减_____。

二、判断题(每小题 2 分,共 26 分)

1.使用万用表交流电压挡测量时,一定要区分表笔的正负极。　　　　(　　)

2.测量时电流表要串联在电路中,电压表要并联在电路中使用。　　　(　　)

3.为保护示波器的寿命,应使示波器上的亮点长时间停留在一个位置,而不要经常去移动其位置。　　　　(　　)

4.$20×10^2$ 是 4 位有效数字。　　　　(　　)

5.在用万用表测量 220 V 交流电中,可以随意拨动挡位。　　　　(　　)

6.当被测量的电压是 8 V 时,量程应选择 10 V 挡,测量误差才最小。　　　(　　)

7.函数信号发生器不具有测试外接信号频率的功能。　　　　　　　　　　（　　）

8.要使用频率计的计数功能时,应在功能键中选择 TOTA 键。　　　　　　（　　）

9.万用表中黑表笔接内部电池的负极,红表笔接正极。　　　　　　　　　（　　）

10.测量中产生的误差是由于万用表的精度不够造成的。　　　　　　　　（　　）

11.用万用表量程选用的原则是,使指针在满度值的 $\frac{2}{3}$ 内读数。　　　　（　　）

12.使用数字万用表的电阻挡时,需要进行电阻调零。　　　　　　　　　（　　）

13.模拟示波器波型电压的值的可用以下公式计算:电压＝垂直格数×电压/格。
　　　　　　　　　　　　　　　　　　　　　　　　　　　　　　　（　　）

三、单项选择题(每小题 2 分,共 20 分)

1.对示波器校准时在荧光屏上却出现了如图所示波形,应调整示波器(　　)旋钮或
开关才能正常观测。

　　A.偏转灵敏度粗调　　　　　　　　B.垂直位移

　　C.水平位移　　　　　　　　　　　D.扫描速度粗调

2.下列仪器中,可以产生方波和三角波信号的仪器有(　　)。

　　A.示波器　　　　　　　　　　　　B.毫伏表

　　C.Q 表　　　　　　　　　　　　　D.信号发生器

3.将低频信号发生器(XD－2 型)的"输出衰减"置于 0 dB 处,调节"输出细调"旋
钮,使其输出电压为 5 V。当"输出衰减"置于 20 dB 处时,其实际输出电压为
(　　)V。

　　A.100　　　　　　　B.0.05　　　　　　C.50　　　　　　D.0.5

4.低频信号发生器的工作频率一般为(　　)。

　　A.0.000 1~1 000 Hz　　　　　　　B.1 Hz~1 MHz

　　C.100 KHz~30 MHz　　　　　　　D.30~300 MHz

5.当示波器屏幕上的波形不稳定时,应调节(　　)。

　　A.触发耦合　　　　　　　　　　　B.触发源选择

　　C.触发方式选择　　　　　　　　　D.触发电平调节

6.有效数字是指它的绝对误差不超过末位数字的单位的(　　)时,从它的左边第一
个不为零的数字算起,直到末位为止的全部数字。

　　A.三分之一　　　　　　　　　　　B.二分之一

　　C.四分之一　　　　　　　　　　　D.三分之二

7.在测量时,当数字万用表仅在最高位显示数字(　　),其他位均消失时,表示满量程,应该选择更高量程。

    A.1　　　　　　　　　　B.2　　　　　　　　　　C.0　　　　　　　　　　D.01

8.要将示波器有亮度调大,应顺时针调节(　　)旋钮。

    A.亮度　　　　　　　B.辉度(INTEN)　　　C.光度　　　　　　　　D.辉度

9.电子测量的依据是(　　),若用万用表测量电压,电流是(　　)的测量。

    A.设备仪器,电路的性能指标　　　　　B.万用表,元器件参量

    C.电子技术理论,基本量　　　　　　　D.仪器测量,特性曲线

10.相对误差的表示方法(　　)。

    A.$r_A = \Delta X \diagup A \times 100\%$　　　　　　　B.$r_A = \Delta X \diagup X_m \times 100\%$

    C.$r_A = \Delta X \diagup X \times 100\%$　　　　　　　D.以上均属于

四、问答题(每小题 5 分,共 10 分)

1.万用表测量电阻时的注意事项有哪些?

2.电子测量的主要内容有哪些?

五、综合题(每小题 7 分,共 14 分)

1.示波器波形如下图所示:已知水平格数为 10 格,垂直格数为 6 格。设置"电压/格"为 0.2 V/格,"时间/格"为 0.05 ms/格。求被测信号的峰峰值、周期及频率。(9 分)

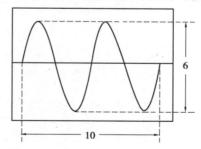

2.用 0.2 级 100 mA 的电流表和 2.5 级 100 mA 的电流表串联测量电流,前者示值为 80 mA,后者示值为 77.8 mA。

①如果把前者作为标准表校验后者,问被校表的绝对误差是多少? 应当引入修正值是多少? 测得值的实际相对误差为百分之几?

②如果认为上述结果是最大绝对误差,则被校表的准确度应定为几级?

参考文献

[1] 孙忠献. 电子测量[M]. 合肥:安徽科学技术出版社,2007.

[2] 伍湘彬. 电子测量与仪器[M]. 北京:中国劳动社会保障出版社,2005.

[3] 刘建清. 从零开始学电子测量技术[M]. 北京:国防工业出版社,2006.

[4] 王川. 电子仪器与测量技术[M]. 北京:北京邮电大学出版社,2008.

[5] 邓斌. 电子测量仪器[M]. 北京:国防工业出版社,2008.

[6] 张大彪. 电子测量与仪器[M]. 北京:电子工业出版社,2008.

[7] 李明生. 电子测量与仪器[M]. 北京:高等教育出版社,2008.